平流层浮空器驻空热力学特性

麻震宇　杨希祥　侯中喜　邓小龙　著

U0302754

科学出版社

北京

内 容 简 介

驻空热特性分析是平流层浮空器总体设计的主要内容之一。本书介绍平流层浮空器驻空热力学环境特征和热力学研究概况,阐述平流层浮空器热力学建模的基本理论和方法。本书以定量分析为主,详细研究不同外形布局平流层浮空器昼夜驻空过程的温度变化和影响规律,介绍平流层浮空器热控设计方法。

本书适合浮空器设计领域的高年级本科生和研究生使用,也可供从事浮空器设计工作的研究人员和工程技术人员参考。

图书在版编目(CIP)数据

平流层浮空器驻空热力学特性 / 麻震宇等著. —北京:科学出版社,2020.5

ISBN 978-7-03-062098-9

Ⅰ.①平… Ⅱ.①麻… Ⅲ.①平流层–航空器–热力学性质 Ⅳ.①V231.1

中国版本图书馆 CIP 数据核字(2019)第 178093 号

责任编辑:魏英杰 / 责任校对:樊雅琼
责任印制:吴兆东 / 封面设计:蓝 正

科 学 出 版 社 出版
北京东黄城根北街 16 号
邮政编码:100717
http://www.sciencep.com

北京中石油彩色印刷有限责任公司 印刷
科学出版社发行 各地新华书店经销

*

2020 年 5 月第 一 版 开本:720×1000 B5
2020 年 5 月第一次印刷 印张:8 1/2
字数:171 000

定价:99.00 元
(如有印装质量问题,我社负责调换)

前　言

以高空气球和平流层飞艇为代表的平流层浮空器，是工作于平流层的轻于空气的飞行器，具有驻空时间久、覆盖范围大、时空分辨率高等特点，也被形象地称为平流层卫星，在对地观测、通信中继、移动互联网等领域有巨大的应用潜力，已成为空天领域新的研究热点。

不同于飞机、导弹、卫星等传统飞行器，平流层浮空器依靠浮升气体产生的浮力保持高度。受昼夜太阳辐照变化的影响，浮升气体温度、压力等状态参数发生大幅变化，形成内部气体温度远高于外部大气温度的"超热"现象，严重影响平流层浮空器的结构安全和高度控制能力。掌握昼夜长期驻空过程热特性，合理设计热控系统是平流层浮空器实现昼夜长期驻空的核心问题之一。

作者从 2008 年开始平流层浮空器的研究工作，其中热力学特性是重要研究内容。本书是对这些工作的系统总结，主要包括平流层浮空器驻空热模型与热特性计算方法、正球形和流线型两种典型布局浮空器驻空阶段热特性、浮空器内部自然对流和外部对流特性、浮空器超热应对措施设计等。

全书由麻震宇统稿。第 1 章由麻震宇、侯中喜撰写；第 2 章由麻震宇、杨希祥撰写；第 3 章由麻震宇、邓小龙撰写；第 4 章由邓小龙、杨希祥撰写；第 5 章由侯中喜、麻震宇撰写；第 6 章由麻震宇、侯中喜撰写；第 7 章由杨希祥、邓小龙撰写；第 8 章由侯中喜撰写。

本书相关的研究和出版得到高分辨率对地观测系统重大专项的资助，在此表示衷心感谢！特别感谢研究生武江涛、刘婷婷、张俊韬、柳兆伟、赵鲲等在资料搜集整理、数值计算等方面付出的辛勤劳动。本书的撰写出版得到了国防科技大学空天科学学院各级领导的大力支持，在此表示衷心感谢。感谢南京航空航天大学方贤德教授对研究工作的指导和帮助。本书参考了国内同行的报告、课件等大量资料，在此一并表示感谢。

限于作者的水平，书中难免存在不妥之处，恳请读者批评指正。

作　者

2019 年 5 月

目　　录

第1章 概　　述

1.1　平流层浮空器

平流层浮空器[1]是工作在临近空间平流层的浮空平台，是典型的低速临近空间飞行器[2]，利用浮升气体提供浮力，采用太阳电池和储能电池组成可循环再生的能源系统，可携带数百千克，甚至数吨有效载荷，具有驻空时间长、空间分辨率高、系统成本低、可重复使用等优点[3-7]。平流层浮空器主要包括平流层飞艇和高空气球两种。

平流层浮空器在军用和民用方面都具有广泛的应用前景[8-11]。在军用领域，平流层浮空器可以用于情报获取、远程侦查、对地观测、军用通信、电子战、区域导航等。在民用领域，平流层浮空器可作为通信平台，支持移动视频电话通信、高速数据通信、互联网通信等，还可应用于国土资源监测、海洋监测、环境保护、减灾防灾、城市规划与管理等方面。

1.1.1　平流层飞艇

国外自 20 世纪 80 年代初开始开展平流层飞艇应用和技术可行性研究论证，工作主要集中在总体设计和关键技术攻关阶段。近年来，相关关键技术的性能指标已发展至能初步满足平流层飞艇需求，发达国家开始积极投入巨资进行平流层飞艇研发，部分关键技术取得突破，并进行了多项飞行试验验证。但是，目前世界范围内尚未研制出可以长期驻空的、工程实用的平流层飞艇。

各国研制的平流层飞艇方案较多。仅在美国，陆海空三军、联军司令部、导弹防御局、侦察办公室、航空航天局，以及商业部门等均有平流层飞艇研究计划。美国著名的平流层飞艇方案[12,13]有：陆军空间与导弹防御司令部的高空飞艇(High Altitude Airship，HAA)项目和高空哨兵(HiSentinel)项目；国防高级研究计划局的综合传感器即结构——传感器/结构一体化飞艇计划；空军实验室的"攀登者"项目；JP 航宇公司的多球组合飞艇。此外，美国约翰霍普金斯大学、空军航天司令部等均有自己的发展计划。

(1) 美国高空哨兵

高空哨兵项目于 1996 年启动[14-18]，西南研究院、Raven 公司和空军实验室共同承担，旨在研制系列化低成本、小载重、快速响应的飞艇平台。西南研究院是该项目的负责单位，负责飞艇总体设计，提供遥测系统、动力推进系统。Raven公司提供详细设计和工程服务，负责囊体研制，参与飞行试验。空军实验室制定放飞程序、提供测试设施和后勤保障服务。

高空哨兵飞艇(图 1.1)由囊体、Y 形尾翼、动力推进系统、能源系统、设备舱、配重舱、电子设备及任务载荷组成。采用与高空气球类似的非成形放飞方式，起飞时飞艇部分充满，随着上升逐步膨胀成形，通过释放氦气和配重来调节囊体的浮力和重量，以保持飞行高度。

图 1.1 高空哨兵飞艇

2005 年，高空哨兵 20 开展飞行测试，飞艇携带约 27kg 的载荷设备，飞行高度达到 22km，飞行时间约 5h，采用储能电池供电。2008 年，高空哨兵 50 开展飞行测试，飞艇携带通信中继与高分辨照相机等载荷，升至 20km 后，囊体压差过高导致囊体破裂，整个飞行过程约 2h。2010 年，高空哨兵 80 开展飞行测试，艇体长 60.7m，体积约 6843m³，任务载荷 36kg，在 22km 高度完成 8h 飞行，在飞行终止前采集了控制及载荷相关数据，后因为电机和阀门故障而紧急降落。

(2) 美国高空飞艇

高空飞艇项目于 2002 年由美国导弹防御局在先期概念技术演示验证计划中提出，2003 年正式启动，2008 年改由陆军空间与导弹防御司令部负责，由洛·马公司承研。高空飞艇为多用途飞艇，主要任务是长时间停留在美国大陆边缘地区高空，用于导弹监视和预警。

高空飞艇验证艇 HALE-D(图 1.2)设计长度约 131m，最大直径约 45.74m，飞行高度约 18.3km，驻空时间约 1 个月，可搭载 227kg 的任务载荷。艇体由流线型纺锤体气囊和四片 X 形充气尾翼组成，艇身两侧各有 2 台电机驱动的螺旋桨作为推进装置。艇体顶部铺设柔性薄膜太阳电池，为推进系统和载荷供电，并为锂离子电池充电。

2011 年 7 月 27 日，高空飞艇验证艇 HALE-D 在俄亥俄州进行了首次飞行试验，上升至 9.75km 高空时因空气阀门结冰，排气流量显著降低，氦气囊无法膨

图 1.2　高空飞艇验证艇 HALE-D

胀，最终浮力不足而应急下降。降落过程中由于太阳电池短路起火，囊体和太阳电池烧毁[14,15]。

(3) 日本平流层平台

平流层平台项目由日本宇宙航空研究开发机构于 1998 年提出，主要用于宽带无线电通信、广播和地理环境监测等[19-24]。

2003 年 8 月，平流层平台(图 1.3)开展飞行试验，飞艇长 47m，最大直径 12m，体积 3566m³，有效载荷 40kg。在 30 分钟内到达 16.4km 高度，之后释放氢气，利用降落伞返回地面，主要验证了放飞技术、浮力精确测量、浮力控制、压力调节、放气策略等。2004 年 11 月，北海道试验场再次开展飞行试验，飞艇长 67m、直径 17m、重 6500kg、体积 10500m³、有效载荷 250kg，动力装置采用航空发动机，升空高度约 4000m，主要测试热和浮力控制、远程遥控和自动驾驶、定点控制、地面植被和交通状况观测，以及通信等。2005 年后，平流层平台逐渐由总体演示验证转向轻质、高强度蒙皮材料技术和高比能量储能电池技术攻关。

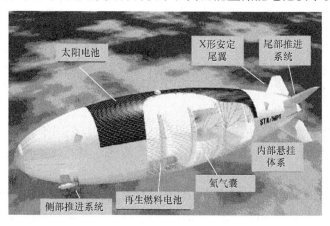

图 1.3　平流层平台

(4) 美国传感器/结构一体化飞艇

传感器/结构一体化飞艇项目由美国国防高级研究计划局和空军实验室于2004年启动，由洛·马公司承研。该项目创新之处在于将传感器和天线与飞艇结构进行一体化设计，最大限度地提高飞艇的载荷能力。项目目标是长期驻空和区域预警监视，满足美国空军全球情报／监视／侦察(intelligence surveillance reconnaissance, ISR)和战区持久 ISR 的需求。美军认为传感器/结构一体化飞艇将是未来革命性的监视平台，可一次持续使用多年，能够替代 E-3、E-8C 等预警指挥飞机[25]。

传感器/结构一体化飞艇(图 1.4)长 300m，最大直径 50m，体积约 30 万 m^3，结构质量 5500kg，工作高度 20~21km，巡航速度 110km/h；持续留空时间可达 90d，设计寿命为 10a；采用太阳能电池阵列+燃料电池供电，能耗为 3000kW·h/d；艇体表面集成总面积为 6000m^2 的超大孔径双波段有源相控阵雷达，具有同时跟踪空中与地面移动目标能力；具有超过 100 条保密通信链路，能与其余任何节点(包括士兵)通信。

图 1.4　传感器/结构一体化飞艇

2009 年，缩比样机开始制造，艇体和雷达分别为 50%缩比尺寸和 10%缩比尺寸。2014 年，重新设计天线阵面，进行组件安装和测试。据报道，目前已突破低面密度先进蒙皮材料、轻质低功率密度雷达天线、极低功率的收发组件和创新能源系统等关键技术。

(5) 法国平流层巴士飞艇

平流层巴士飞艇项目由法国泰雷兹·阿莱尼亚宇航公司于 2014 年启动，可用于执行边境和海上监视、通信、广播、导航等任务，具有长航时和完全自主区域驻留能力。

平流层巴士飞艇(图 1.5)艇体长 100m，最大直径 33m，总重 5000kg，设计驻空高度 20km，具备 90km/h 的抗风能力和 250kg、5kW 的载荷能力。飞艇采用太阳电池阵+再生燃料电池循环能源体制；采用太阳能聚光器和气囊环设计，具备太阳光线自主跟踪能力；艇体采用三气囊结构，其中两个气囊填充氦气或氢气；配置两个以燃料电池为能源的螺旋桨推进系统，可在高达 25m/s 的风中实现定点驻留，两个电动机可以根据风速自动调整输出功率进行补偿。

图 1.5　平流层巴士飞艇

平流层巴士项目已进入实质研发阶段，计划 2021 年首飞。

(6) 美国攀登者

攀登者飞艇(图 1.6(a))是 JP 航宇公司为美国空军实验室和空间作战中心的临近空间机动飞行器项目研制的原型艇，于 2003 年初启动。攀登者飞艇是一个外形呈 V 形的混合飞艇，通过气动升力和浮力共同产生升力，通过控制舱内的氦气进行控制。

(a)　　　　　　　　　　　　　　　　(b)

图 1.6　攀登者飞艇和蠕虫飞艇

攀登者飞艇旨在提供低成本的空间进入服务，是 JP 航宇公司设想的 3 级太空运输系统的第一级。在运送货物进入太空时，攀登者飞艇首先垂直爬升到 42.672km 高空，在那里同一个可充气的亚轨道空间站(第二级)进行对接。

攀登者飞艇研制工作一直在紧密开展，先期分别进行了 "攀登者 4"、"攀登者 16"、"攀登者 20"、"攀登者 90"和"攀登者 175"等系列试验。2003 年 11 月，JP 航宇公司开展了初期验证试验，释放至 30km 高空后成功返回地面。2016 年 9 月，内华达州的发射场进行了"攀登者 36"的飞行试验，达到 4115m 的高度，超过首次飞行的设定目标。"攀登者 36"外形为 V 形，内部采用碳纤维龙骨，全长 53m，宽 30m。攀登者飞艇安装有两台由燃料电池驱动的螺旋桨，采用 GPS 导航。攀登者飞艇舱内充氦气，自身携带的控制系统通过调节各舱室间的氦气容量进行空中机动。

(7) 德国蠕虫飞艇

蠕虫飞艇(图 1.6(b))项目由德国斯图加特大学于 1996 年提出，采用分段式囊体结构布局。囊体内部包括球形副气囊，通过对分段囊体的单独控制，降低保持外形所需的内外压差，并实现飞行稳定性控制。分段式蠕虫状设计，降低了艇体在飞行过程中所受的气动力和气动力矩，可以降低保持囊体外形所需的内外压差。艇体结构重量的均匀分布可以降低静态载荷，无舵结构可以进一步实现结构载荷均匀化分布，降低结构重量。同时，由于分段后囊体长度缩短，飞艇具有很好的平衡性和机动性[26-30]。

2002 年起，斯图加特大学与美国 Sanswire 公司合作开展了多次试飞。2011 年，Sanswire 公司在合作基础上开展研究，将项目更名为 Argus。其首个试验艇百眼巨人(Argus One)于 2011 年 11 月成功首飞，据报道目前已在飞行控制、浮力控制和热管理等方面取得突破。

1.1.2 高空气球

高空气球是目前唯一能在平流层高度工作的实用型飞行器，在观测精度、效果和成本方面具有独特优势，是科学研究和观测应用的一种独特工具。长期以来，高空气球基本都采用零压工作方式。近年发展起来的超压技术从原理上解决了高空气球飞行时间受限、高度不稳定等问题。目前，以美国航空航天局(National Aeronautics and Space Administration，NASA)超长航时气球(Ultra Long Duration Balloon，ULDB)计划和谷歌气球计划为代表的高空气球项目，受到世界各国的广泛关注，在科研和商业领域都表现出广阔的应用前景。

(1) NASA 超长航时气球计划

超长航时气球计划由 NASA 于 1997 年提出，目的是基于超压气球技术开展极地和中纬度地区高空科学试验，利用高空大气环流进行环球飞行，实现飞行高度 33.5km，载荷能力 1600kg，飞行时间超过 100d。自项目提出以来，NASA 一直保持着较快的研制进度和较高的飞行频率。目前，超长航时气球已陆续突破超压设计、长时飞行等难点，在南北极和中高纬度地区完成 1000kg 科学载荷的搭载试验，并安全回收载荷设备。

超长航时气球(图 1.7)不需要压舱物保持高度，使用超压有效降低飞行期间由气体温度变化引起的高度改变，同时采用简单的结构设计和合理的制造过程。超长航时气球系统具有长时能源供电系统，有较高的通信能力和导航定位能力。整个气球平台可在临近空间长时间运行，作为航天器的替代平台，可满足长时间科学实验的要求，同时作为通信、导航和观测平台也将产生巨大的应用价值。

图 1.7　超长航时气球

超长航时气球主要包括气球和回收系统、气球管理系统、气球飞行轨迹控制系统。气球由纤维织物薄膜材料制成的正球形发展到带有加强筋的南瓜形超压气球。回收系统使用 NASA 气球飞行任务中的标准回收降落伞。

超长航时气球已加入 NASA 气球项目每年的例行飞行任务。2008 年底，超长航时气球在南极完成 54d 超长航时环南极飞行。2013 年，超长航时气球在南极创造了 55d 的飞行续航记录。NASA 随后逐步将地点转移到中纬度，2015 年 3 月，超长航时气球从新西兰发放并完成 32d 飞行，横跨南美，绕过非洲，并最终在澳大利亚降落，接近实现中纬度地区的环球飞行。2016 年 5 月，超长航时气球搭载康普顿光谱成像仪从新西兰放飞，经过长达 128min 的飞行，体积为 53.2 万 m^3 的超压气球成功抵达 33.5km 的平飞高度，总飞行时间达到 46d，首次完成中纬度环球飞行，创造了大型科学气球中纬度地区飞行续航时间新纪录，证实了大型超压气球利用中纬度高空大气环流进行环球飞行的可靠性。目前，NASA 仍在积极推进超长航时气球研究和试验工作。

(2) 谷歌气球计划

谷歌气球(图 1.8)计划由谷歌 X 实验室于 2013 年提出，目的是通过布置数千个高空气球搭载通信设备在空中组网，解决偏远地区难以快速廉价接入互联网的问题。其特点是利用超级计算机让每个气球都使用智能技术，能根据所处环境特点和任务要求进行自主控制飞行。谷歌气球计划在谷歌公司创新和资本的力量下得到飞速发展，突破了诸多浮空器研制、设计、制造和飞行试验的记录，并开展了大量的飞行试验，成为全球关注的热点研究项目。

图 1.8　谷歌气球

2013 年 6 月，谷歌气球在新西兰首次公开飞行，并进行了相关的网络测试。2013 年 8 月～2014 年 4 月，在新西兰、巴西开展谷歌气球的 4G 通信测试，在新西兰实现 120d 连续飞行。通过不断地改进技术，谷歌气球的飞行时间不断提高，到 2015 年，单个气球创造了 187d 持续飞行记录，平均每个气球飞行时间大于 100d。2016 年，在秘鲁实现了 98d 的区域驻留，随后开始在全美测试。谷歌气球项目已飞行 170 万 km，在飞行试验中提供网络应用服务，并开展试运营相关工作。

1.2　平流层浮空器热力学环境

1.2.1　平流层环境特征

地球大气自下而上按温度随高度的变化特征可分为对流层、平流层、中间层、热层和散逸层。大气温度、臭氧浓度和密度随高度的分布如图 1.9 所示。对流层是从地面垂直延伸到对流层顶的区域，对流层顶在低纬度地区平均为 17～18km，在中纬度地区平均为 10～12km，在高纬度地区仅有 8～9km。对流层温度随高度的升高而降低，空气有强烈的对流运动，是天气现象发生的主要区域。平流层是从对流层顶垂直延伸到约 55km 的区域。平流层温度随高度的升高而升高，大气垂直运动很弱，以水平运动为主。臭氧主要集中在平流层。中间层(55～85km)温度随高度的升高而降低，但由于空气稀薄，大气对流运动远不如对流层中的剧烈。热层(85～800km)温度随高度的升高而升高，空气密度小，大气在太阳紫外线和宇宙射线作用下处于电离状态。散逸层(800km 以上)是大气层和星际空间的过渡，无明显上边界，空气极其稀薄，温度随高度的升高而升高。

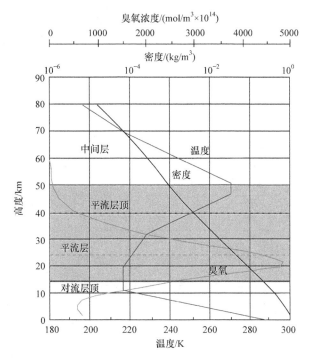

图 1.9 大气温度、臭氧浓度和密度随高度的分布

平流层浮空器工作所处的平流层环境特征主要体现在以下几个方面。

① 大气密度。随高度上升，大气密度基本成指数规律下降，按照国际标准大气，在 20km 附近约为地面的 7%，30km 附近约为地面的 1.5%，50km 附近只有地面的万分之八。对平流层浮空器而言，大气密度随高度的增加迅速下降，产生相同的浮力，所需的体积随着高度增加急剧上升。同时，由于大气密度极低，平流层浮空器与外界环境的热传导能力很弱。

② 大气压力。随高度上升，大气压力基本成指数规律下降，在 20km 附近约为地面的 5.3%，30km 附近约为地面的 1.2%，50km 附近约为地面的万分之八。平流层浮空器从地面放飞点到平流层工作点要经历巨大的压力差异，给研制和安全使用带来很大的挑战。

③ 大气温度。大气温度在对流层随高度的增加而降低；在对流层顶附近达到极小值，并且随高度变化不大；在平流层随高度的增加而升高。平流层温度普遍非常低，如在 20km 附近约为 217K，在 30km 附近约为 227K，在 50km 附近达到局部最高值(平均约 271K)。

图 1.10 所示为平流层纬向平均大气温度的气候态分布。其中，所有样本采用四分位数从小到大排序，中间的样本是中值，最小值与中值中间的样本是 25%，中值与最大值中间的样本是 75%。平流层温度基本成纬向平均分布，北半球冬季

温度低，夏季温度高；高纬度地区平流层温度的季节变化大于低纬度地区。平流层冬季高纬(50.25°N)地区最高温度和最低温度之差可达 40K，中纬度(36°N)约为 20K，低纬度(21°N)约为 10K；夏季高、中、低纬度温度变化很小，最高和最低温度之差约为 10K。

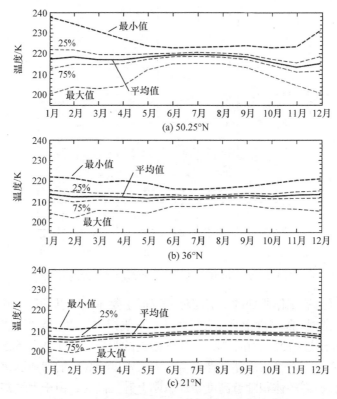

图 1.10　平流层纬向平均大气温度的气候态分布

　④ 风场。平流层下冷上热的温度层结构使平流层大气较为稳定，不会发生云、雨、雷暴等强烈的气候现象，在不同高度、季节、地区和时间有不同的表现特点，但风速分布的基本规律相同，且变化周期较长。平流层大气以水平运动为主，很少发生垂直方向的对流运动，垂直风比水平风速度低 1～2 个量级。平流层中高纬度风场冬季为绕极的强西风环流，夏季为东风环流。对流层一年四季都有西风急流的存在，因此夏季高纬度地区高层的东风环流和低层的西风环流之间存在一个风速较弱的区域。这个区域就是人们常说的平流层准零风层(quasi zero wind layer, QZWL)。平流层准零风层一般指平流层下层 20km 附近，上下层纬向风速相反，同时南北风分量很小的大气层。这也是平流层浮空器工作的理想区域。

如图 1.11 所示，中纬度平流层由于西风的持续存在，准零风层出现的天数很少，特别是在副热带急流所在的位置。12～2 月由于平流层中高纬度盛行西风，因此准零风层出现的天数很少，低纬度地区 20～70hPa 有 15 天左右会出现准零风层，出现的总时间约占该时间段总天数的 50%。3～4 月，随着北半球环流冬-夏季节转换的开始，平流层中高纬度纬向西风减弱，准零风层出现的天数逐渐增多。到了 5 月，中高纬度 50hPa 附近准零风层出现的天数超过 20 天。6～8 月，由于平流层东风环流的建立和增强(风速超过 5 m/s)，30hPa 以上准零风层出现的天数显著减少，但中高纬度 50hPa 附近准零风层出现的天数仍然较多。9 月以后，随着平流层夏-冬季节转换的开始，平流层绕极西风环流开始重新建立，准零风层出现的天数显著减少。由此可以看出，北半球平流层准零风层集中在 50hPa 附近，主要出现在夏季 5～8 月的中高纬度地区，冬季在低纬度地区也有分布，但时间偏短。

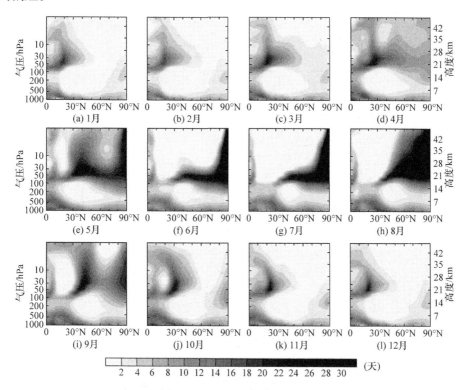

图 1.11　各月纬向平均准零风层出现天数的纬度-高度分布

⑤ 臭氧。平流层大气仅占地球大气质量的 15%，却包含了大气中 90%的臭氧。臭氧层吸收了太阳紫外线，使得平流层温度随高度的升高而增加。平流层的臭氧浓度随季节、天时、纬度等有所变化，臭氧在 25km 高度附近达到最大值，

高度越高臭氧浓度越低，在 30km 高度附近，臭氧浓度仅为最高值的 3%。

平流层高浓度的臭氧会导致平流层浮空器蒙皮材料的老化和性能下降，对材料的耐候长时间工作提出很高的要求。臭氧含量的变化会影响浮空器接收的太阳短波辐射强度，改变浮空器太阳能电池的效率。这就需要通过设计和调整飞行姿态，保证浮空器能够最佳地吸收太阳辐射能量。

平流层臭氧的分布主要受动力输送和光化学作用的影响，从地面到 25km 高度，臭氧浓度随高度的升高而增大。图 1.12 所示为平流层纬向平均臭氧体积混合比气候态分布，21km 高度臭氧浓度随纬度的升高而增大，高纬度(50.25°N)和中纬度(36°N)的臭氧浓度变化为冬季高、夏季低，低纬度(21°N)地区随季节的变化，臭氧浓度变化较小。

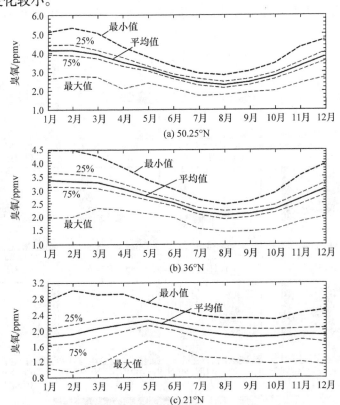

图 1.12　平流层纬向平均臭氧体积混合比气候态分布

ppmv 是浓度单位，表示按体积百万分之一，余同

⑥ 辐射环境。辐射环境是影响平流层浮空器驻空能力的一个重要因素。短波辐射能够为飞行器的太阳能电池提供能源。长波辐射能影响囊体的膨胀程度，从而影响飞行器的驻留高度。长波辐射的昼夜变化(日较差)可影响飞行器结构材料

的稳定性。因此，开展平流层辐射分布和变化特征的研究，对飞行器的飞行有重要意义。

图 1.13 所示为中纬度日照时长季节变化及全球日照时长的分布。中纬度地区的冬季日照时长约为 9.5h，夏季 14h，日照时长的季节变化随纬度的升高而增大。

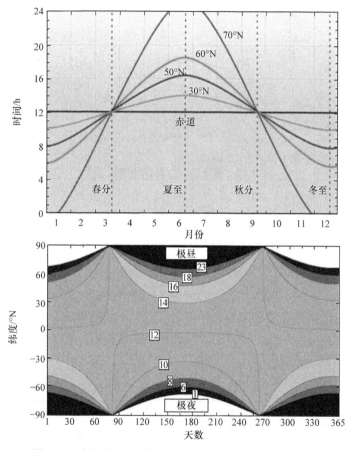

图 1.13　中纬度日照时长季节变化及全球日照时长的分布

1.2.2　浮空器热力学环境

平流层浮空器热环境如图 1.14 所示。对于辐射项，夜晚主要来自大气红外辐射和地面红外辐射。在白天，除上述红外辐射，主要来自太阳辐射，包括太阳直射辐射、地面反射辐射和太阳散射辐射。辐射项对流项主要包括蒙皮外表面与大气之间的强迫对流换热，以及蒙皮内表面与内部浮升气体之间的自然对流换热。

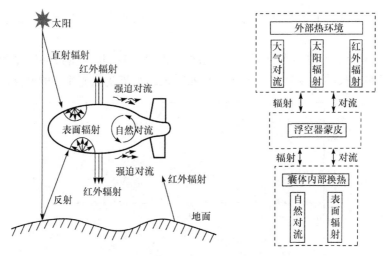

图 1.14 平流层浮空器热环境示意图

1.3 平流层浮空器热力学研究现状

1.3.1 平流层浮空器热力学理论研究

平流层浮空器的主要热源有太阳辐射、地面红外辐射、大气红外辐射,主要冷源有外部对流换热和蒙皮向外红外辐射。考虑不同的环境影响因素和热力学理论模型,按照几何复杂性,平流层浮空器热力学模型可分为零维模型、二节点模型、多节点模型、一维模型、二维模型、三维模型,如表 1.1 所示。

表 1.1 平流层浮空器热力学模型

作者(年份)	模型	说明
Kreith 等[31](1974)	零维模型,瞬态	考虑太阳直射辐射、地面反射辐射、地面和大气红外辐射、对流换热和蒙皮自身辐射
Carlson 等[32](1983)	零维模型,瞬态	改进 Kreider 模型,考虑浮升气体中水蒸气杂质的辐射
Stefan[33](1983)	两节点模型,稳态	考虑太阳辐射、红外辐射和对流换热
Rapert[34](1987)	飞艇径向一维模型,稳态	考虑外部和内部对流换热、蒙皮导热和蒙皮表面辐射
Harada 等[35](2003)	二维无限长圆柱模型,稳态	考虑太阳辐射、红外辐射和对流换热,对流换热采用经验公式,浮升气体温度采用平均温度
Franco 等[36](2004)	三维模型,稳态	考虑太阳辐射和地面红外辐射,没有考虑外部对流换热影响

作者(年份)	模型	说明
方贤德等[37](2007)	两节点模型,稳态	考虑太阳辐射、地面和大气红外辐射、自然对流和内部红外辐射
徐向华等[38](2009)	基于 Fluent 的三维模型,瞬态	将太阳辐射、地面大气红外辐射和外部对流换热作为飞艇蒙皮外部热边界条件,采用 Fluent 软件模拟内部表面辐射和自然对流
刘东旭等[39](2010)	零维模型,瞬态	考虑太阳辐射、地面红外辐射、外部强迫对流和内部自然对流
李德富[40](2011)	三维模型,瞬态	考虑太阳辐射、地面红外辐射、外部对流换热、内部表面辐射、内部自然对流换热,内部气体采用平均温度
李小建[41](2013)	三维模型,瞬态	考虑太阳辐射、地面和大气红外辐射、外部对流换热、蒙皮内表面辐射、内部自然对流换热,内部气体采用平均温度

  Kreith 等[31]建立了高空气球的零维瞬态模型,考虑太阳直射辐射、地面反射辐射、地面红外辐射、大气红外辐射,以及对流换热等因素。Carlson 等[32]改进了 Kreith 等的模型,考虑艇体囊内水蒸气杂质的辐射影响,分析了气球在上升和驻空过程中浮升气球的温度。Shi 等[42]通过建立零维的稳态模型,给出了平流层飞艇在上升下降过程中蒙皮和浮升气体的平均温度变化。刘东旭等[39]采用零维瞬态模型,分析蒙皮自身的光热辐射特性对平流层飞艇浮升气体温度的影响。

  Stefan[33]建立了两节点的飞艇稳态模型,认为晴天条件下氦气昼夜温度相差约 51K。方贤德等[37]建立了稳态的三节点飞艇热模型,计算了平流层飞艇的蒙皮和浮升气体热特性,得到内部浮升气体昼夜间温差为 58.8K,上部蒙皮的昼夜间温差为 65.8K,下部蒙皮的昼夜间温差为 51.9K。姚伟等[43]采用多节点模型,考虑太阳电池的影响,得出飞艇内部气体昼夜温差达 40K,最大超热量达 47K。

  Harada 等[35]建立了二维无限长圆柱模型,对飞艇的温度变化进行数值计算,考虑太阳辐射和红外辐射的影响,采用经验公式计算对流换热。

  Franco 等[36]考虑太阳辐射和地面红外辐射影响发展了高空气球的三维热模型,但是没有考虑对流换热。Lee 等[44]建立了稳态热模型,计算平流层飞艇壳体的三维稳态温度场。Dai 等[45]建立了高空气球的三维热模型,考虑不同蒙皮辐射特性和云层条件对蒙皮和氦气温度的影响。徐向华等[38]基于 Fluent 软件,考虑太阳辐射、地面红外辐射和外部对流换热,模拟内部表面辐射和对流换热。

  国外学者在平流层浮空器对流换热理论研究方面也开展了相关工作。Sparrow 等[46]采用压力-体积力模型模拟了三维烤箱形封闭腔内的自然对流,结果和实验数据符合较好。Suslov 等[47]采用 Non-Boussinesq 模型研究垂直封闭腔内的自然对流现象，对流动稳定性进行了分析。Henze 等[48]采用水平圆柱近似模拟飞艇内部的自然对流情况，通过简单的公式估算辐射散热，得到了平均对流换热系数。

1.3.2　平流层浮空器热力学试验研究

针对不同几何外形和飞行工况，国内外对于平流层浮空器温度变化特性开展了一些试验研究。平流层浮空器蒙皮与内部浮升气体昼夜温差较大，飞行环境对浮空器昼夜温差和温度分布有较大影响。

Stefan[33]分析了高空飞艇面临的热环境和昼夜温差别，云层较厚时昼夜温差可达 71K；开展了飞艇状气球(首尾半球圆柱外形)30.5km 高度的飞行试验(一次夜晚飞行、一次白天飞行)，与计算结果符合较好；指出需采用低太阳辐射吸收率和高红外发射率的材料减缓超热效应。

Harada 等[35]针对平流层飞艇的热模型开展了相关试验研究。结果表明，大面积的太阳电池阵具有高太阳辐射吸收率，周边低密度大气会造成较低的对流换热，容易加剧平流层飞艇的超冷/超热问题，形成昼夜循环过程中平流层长期驻留的难题。

国内外学者针对太阳电池对平流层浮空器驻空期间热特性的影响开展了一些研究。Li 等[49]分析了飞行纬度、飞行日期、飞行高度、飞行风速及隔热板对太阳电池输出功率的影响，得出太阳电池会加剧飞艇的超热现象。吕程等[50]分析了太阳电池对艇内氦气温度分布变化的影响。Liu 等[51,52]分析了太阳电池阵列面积及隔热层厚度对平流层飞艇热特性的影响。Li 等[53,54]、Lv 等[55]和 Meng 等[56]在太阳电池的输出特性及电池隔热结构等方面做了深入的研究。

从热问题角度研究对平流层飞艇超热控制，一方面通过对太阳电池隔热来减小太阳电池对飞艇超热的影响，另一方面从飞艇蒙皮材料本身来减少超热。

Sun 等[57]提出采用电池下部安装隔热层的方法，采用 10mm 厚的 Nomex 纸蜂窝进行隔热，效果明显，铺设前后的最高温差可达 30K。

吕明云等[58]设计了三种适用于平流层飞艇太阳能电池的隔热结构，分析了不同光照强度下铺设散热结构之后蒙皮的最高温度。

1.3.3　平流层浮空器热力学仿真研究

数值仿真方法是研究平流层浮空器热力学特性的重要手段，也是解决平流层浮空器区域驻留高度保持问题的关键。国内外学者对平流层浮空器热力学特性开展了较多仿真计算研究。

徐向华等[38]采用 Fluent 软件仿真分析了飞艇内部气体温度，得到飞艇内部气体的昼夜间温差大于 35K 的结论。Yao 等[59]得出平流层飞艇艇内氦气的昼夜间温差可达 60K，飞艇顶部蒙皮温差可达 98K，底部蒙皮温差约为 50K 的结论。Wang 等[60]得出夏至日氦气昼夜间温差可达 90K，太阳电池昼夜间温差可达 150K，而在冬至日，氦气昼夜温差可达 60K，太阳电池昼夜温都差可达 120K。

Franco 等[36]从几何外形出发，考虑分析不同几何外形对高空气球蒙皮温度的影响。Xia 等[61]分析了球形浮空器的热特性，得到氦气昼夜的温差可达 36K；蒙皮温差在夜间可达 12K，在正午时分可达 22K。李德富等[62,63]研究了球形浮空器在驻空过程的热特性，得到球内浮升气体的昼夜温差在 30K 以上。Garde[64]分析了高空气球外形对其热特性的影响，与球形气球相比，在同等条件下，南瓜外形的球体内氦气温度高 8.4K，蒙皮平均温度高 16.6K。

Wang 等[65]采用 Fluent 软件，仿真分析不同风速对浮空器热特性的影响。戴秋敏等[66,67]分析了大气模型对浮空器上升轨迹和温度的影响。姚伟等[68]研究了气囊压差大小、升空速率、与大气对流换热系数和太阳辐射等因素对飞艇净升力的影响，并对飞艇的上升过程进行了仿真。李小建等[69]通过预测平流层飞艇的上升轨迹，分析了浮升气体的热特性。

Cao 等[70]对飞艇的载荷舱在上升过程中的瞬态热力学特性进行了研究分析。许玉等[71]采用 Fluent 软件仿真分析了飞艇载荷舱的内部温度分布情况。

国内对结构复杂的封闭腔内自然对流开展了数值研究。哈尔滨工业大学等单位对大型球形和双椭球形薄壳体封闭腔在不同复杂热环境条件下的自然对流特性进行了数值模拟研究，得到此类封闭腔内自然对流换热系数的数值范围及其随表面无量纲温度的变化规律。目前，国内平流层飞艇对流换热特性研究进展如表 1.2 所示。

表 1.2 平流层飞艇对流换热特性研究进展

作者	边界条件与数值方法	计算结论
杨小川[72]	1. 椭球形封闭腔外部非均匀热边界条件用热流表示，其中外部强迫流动通过均匀对流换热系数表示 2. 采用 Ideal-gas 模型和重整化群 (renormalization group, RNG) k-ε 湍流模型，内壁面辐射采用离散传播辐射模型(discrete transfer radiation model, DTRM)辐射模型，压力和速度耦合采用压力耦合方程组半隐式算法(semi implicit method for pressure linked equation, SIMPLE)，近壁面采用增强型壁面模型，离散采用二阶迎风格式，通过用户定义函数(user defined function, UDF)引入热边界条件 3. 计算时刻：春分日，纬度：40°N	1. 内部气体主要沿圆周方向流动，轴向流动较弱，最大流速不超过 1.9m/s 2. 同一时刻椭球内气体压力不均匀性较小，压力波动不大，气体质心主要沿重力方向移动，最大达 120mm 3. 椭球内平均对流换热系数在 1.08~1.95W/(m² · k)之间变化

续表

作者	边界条件与数值方法	计算结论
徐向华等[38]	1. 球形封闭腔外部非均匀热边界条件用温度表示，其中外部流动通过给定一个均匀的对流换热系数表示，根据球体外绕流换热经验关系式计算得到 1.6W/(m² · k) 2. 气体采用 Ideal-gas 模型，湍流模型采用标准 k-ε 模型，内壁面辐射采用 S2S(surface to surface)模型，压力速度耦合采用 SIMPLE，离散采用二阶迎风格式，通过 UDF 引入边界条件 3. 计算时刻：春分日，纬度：40°N	1. 艇体内部有强烈的自然对流，使气体混合趋于均匀，增加了蒙皮与内部气体的换热，但对内部气体平均温度影响不大，可以简化为固体导热求解 2. 外部对流换热系数越大，内部气体平均温度昼夜变化幅度越小
夏新林等[73]	1. 椭球形封闭腔外部非均匀热边界条件用热流表示，其中外部强迫对流换热系数采用经验关联公式计算 2. 采用 Ideal-gas 模型和 RNG k-ε 模型，近壁面采用增强型壁面模型，离散采用二阶迎风格式，通过 UDF 引入热流边界条件 3. 计算时刻：春分和夏至，纬度：40°N	1. 壁面与内部气体温度分布不均匀，随外部热边界条件的昼夜变化而大幅改变 2. 内部流场最大流速不超过 2m/s，平均对流换热系数在 1.08～1.95W/(m² · k)之间变化 3. 同一时刻内部气体压力非均匀性较小，可视为等压腔，不同时刻气体质心主要沿重力方向移动，最大移动距离达 120mm
李德富[40]	1. 椭球形封闭腔外部非均匀热边界条件用热流表示，外部流动考虑强迫对流和自然对流，对流换热系数采用实验关联式计算 2. 内部气体密度随温度、压力变化规律采用 Ideal-gas 模型，内壁面辐射采用 S2S 模型，湍流模型采用 RNG k-ε 模型，近壁面采用增强型壁面模型，离散采用二阶迎风格式，通过 UDF 引入热流边界条件 3. 计算时刻：春分和夏至，纬度：40°N	1. 内部气体流速分布：夜间较均匀，大部分区域 0.7m/s 左右，白天流动沿圆周方向的贴壁环流特征明显，局部流速接近 3m/s，中心区域流速约 0.3～0.5m/s 2. 内部气体温度分布：白天接近分层分布，夜间气囊底部气体温度变化较大，中间区域较均匀 3. 得到蒙皮内表面，用内部气体的自然对流局部换热系数拟合表达式

第2章 平流层浮空器热力学建模

在驻空飞行过程中，平流层浮空器外部受到太阳辐射、大气红外辐射、地面红外辐射和外部对流的影响，内部受到自然对流和蒙皮内表面间红外辐射的影响，所处的热力学环境较为复杂。本章对驻空条件下的大气环境、太阳辐射、红外辐射和对流换热进行建模，考虑太阳电池传热影响，建立平流层浮空器驻空热力学模型。

2.1 大 气 模 型

平流层高度大致在 $11 \sim 50 \mathrm{km}$。当高度在 20km 以内时，大气从太阳吸收的热量等于散射的热量，大气温度几乎不随高度变化，保持在 216.65K；当高于 20km 时，因臭氧层对紫外线的吸收能力强，且越接近太阳，吸收能力越强。在这种辐射的作用下，臭氧发生分解，产生热量，使臭氧层大气温度随高度的增加而升高。

根据国际标准大气模型，海平面大气的温度为 $T_0 = 288.15\mathrm{K}$，压力为 $P_0 = 101325\mathrm{Pa}$，密度为 $\rho_0 = 1.225\mathrm{kg/m^3}$。忽略纬度、季节、时间对温度和压力的影响，平流层大气温度 T_a、大气压力 P_a、大气密度 ρ_a 随高度的变化为

$$T_a = \begin{cases} 288.15 - 6.5H, & 0 \leqslant H \leqslant 11\mathrm{km} \\ 216.65, & 11\mathrm{km} \leqslant H \leqslant 20\mathrm{km} \\ 216.65 + (H-20), & 20\mathrm{km} \leqslant H \leqslant 32\mathrm{km} \end{cases} \quad (2.1)$$

$$P_a = \begin{cases} P_0(T_a/T_0)^{5.25588}, & 0 \leqslant H \leqslant 11\mathrm{km} \\ P_{11}\mathrm{e}^{-(H-11)/6.34162}, & 11\mathrm{km} \leqslant H \leqslant 20\mathrm{km} \\ P_{20}(T_a/T_{20})^{-34.1632}, & 20\mathrm{km} \leqslant H \leqslant 32\mathrm{km} \end{cases} \quad (2.2)$$

$$\rho_a = \begin{cases} \rho_0(T_a/T_0)^{4.25588}, & 0 \leqslant H \leqslant 11\mathrm{km} \\ \rho_{11}\mathrm{e}^{-(H-11)/6.34162}, & 11\mathrm{km} \leqslant H \leqslant 20\mathrm{km} \\ \rho_{20}(T_a/T_{20})^{-35.1632}, & 20\mathrm{km} \leqslant H \leqslant 32\mathrm{km} \end{cases} \quad (2.3)$$

其中，$P_{11} = 22631.8\mathrm{Pa}$；$P_{20} = 5474.86\mathrm{Pa}$；$\rho_{11} = 0.36391\mathrm{kg/m^3}$；$\rho_{20} = 0.088035\mathrm{kg/m^3}$；$T_{20} = 216.65\mathrm{K}$；$H$ 为海拔高度。

2.2 太阳辐射模型

太阳辐射可近似看作一种平行光辐射。理想的平行光辐射强度不随距离的变化而变化，但当平行光射入地球大气以后，大气中各种气体成分吸收和散射部分太阳辐射的能量会造成太阳直射辐射衰减(也称削弱、消光)。吸收过程是将一部分太阳辐射能量变成气体分子的热能或化学能的过程。散射过程则是将一部分辐射能量散发到四面八方，形成散射辐射，其中一部分散射辐射从大气上界射出，离开地球大气系统；另一部分到达地面，形成地面散射。当太阳辐射到地面时，部分辐射被地面和云层反射，形成地面反射辐射。

2.2.1 太阳空间位置

1. 赤纬角

赤纬角是地球中心和太阳中心的连线与地球赤道平面的夹角，用符号 δ 表示，即

$$\delta = 23.45 \sin\left(2\pi \frac{284 + n}{sn}\right) \tag{2.4}$$

其中，n 为当日在一年中的日期序号，日期序号从当年的 1 月 1 日算起；sn 为一年的总天数；δ 为赤纬角。

太阳在赤道面上方为正，反之为负。

2. 时差

真太阳时与平均太阳时之间的差值为时差。平均太阳时为钟表指示的时间。真太阳时以当地太阳位于正南向的瞬时为正午，地球自转 15°为一小时。由于太阳与地球之间的距离和相对位置随时间变化，地球赤道与其绕太阳运行轨迹所处平面的不一致性，因此出现时差。

真太阳时 T_s 可以按下式计算，即

$$T_s = t_s \pm \frac{L - L_s}{15} + \frac{e}{60} \tag{2.5}$$

其中，t_s 为该地区标准时间(h)；L 为当地经度；L_s 为地区标准时间位置的经度；e 为时差(min)。

时差的精确计算公式为

$$\begin{aligned}
e = &-0.0002786409 + 0.1227715\cos(W + 1.498311) \\
&- 0.1654575\cos(2W - 1.261546) - 0.005353830\cos(3W - 1.157100)
\end{aligned} \tag{2.6}$$

其中，$W = \dfrac{2n\pi}{sn}$。

当地太阳时角 ω 为

$$\omega = \left(t_s \pm \frac{L - L_s}{15} + \frac{e}{60} - 12 \right) \times 15 \tag{2.7}$$

3. 太阳高度角

对于地球上的某点来说，太阳的空间位置可以在地平坐标系(东-北-地坐标系)中用太阳高度角 h 和太阳方位角 α 确定，如图 2.1 所示。h 以地平线以上为正。α 以正南为 0，偏西为正，则太阳的坐标可表示为

$$(S_x, S_y, S_z) = (-\cos h \cos\alpha, -\cos h \sin\alpha, -\sin h) \tag{2.8}$$

其中，S_x、S_y、S_z 为沿东向、北向、垂直于地面方向的坐标。

太阳入射光线矢量可用 E 表示为

$$E = (r_x, r_y, r_z) = (\cos h \cos\alpha, \cos h \sin\alpha, \sin h) \tag{2.9}$$

其中，r_x、r_y、r_z 为三个方向的分量。

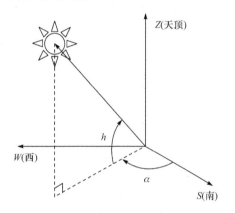

图 2.1　太阳的空间位置

太阳高度角 h 表示地球表面某点和太阳连线与地平面之间的夹角，即

$$\sin h = \sin\phi \sin\delta + \cos\phi \cos\delta \cos\omega \tag{2.10}$$

其中，ϕ 为当地纬度；δ 为赤纬角；ω 为太阳时角。可以看出，太阳高度角随纬度、季节和每日时刻的变化而变化。

4. 太阳方位角

太阳方位角 α 表示太阳至地面某点连线在地面上的投影与南向(当地子午线)的夹角，正南为 0，偏西为正。

太阳高度角与方位角利用太阳与地球的相对几何关系式计算，即

$$\cos h \cos\alpha = -\cos\phi \sin\delta + \sin\phi \cos\delta \cos\omega \tag{2.11}$$

$$\sin\alpha\cos h = \cos\delta\sin\omega \tag{2.12}$$

其中，ϕ 为当地纬度；δ 为赤纬角；ω 为太阳时角。

依据式(2.10)，反正弦求高度角，因为高度角的取值范围为[−90°,+90°]，反正弦函数刚刚满足要求。依据式(2.12)，由于 $\delta\in[-23.45°,23.45°]$，$h\in[-90°,90°]$，$\alpha\in[-180°,180°]$，$\omega\in[-180°,180°]$，$\cos\delta>0,\cos h\geqslant0$，因此太阳方位角 α 与太阳时角 ω 具有相同的符号。利用式(2.11)，结合 ω 计算太阳方位角，可得下式，即

$$\alpha = \begin{cases} \cos^{-1}\left(\dfrac{-\cos\phi\sin\delta + \sin\phi\cos\delta\cos\omega}{\cos h}\right), & \omega\geqslant0° \\[3mm] -\cos^{-1}\left(\dfrac{-\cos\phi\sin\delta + \sin\phi\cos\delta\cos\omega}{\cos h}\right), & \omega<0° \end{cases} \tag{2.13}$$

由式(2.13)和式(2.10)消去 ω 可得下式，即

$$\alpha = \begin{cases} \cos^{-1}\left(\dfrac{\sin\phi\sin h - \sin\delta}{\cos\phi\cos h}\right), & \omega\geqslant0° \\[3mm] -\cos^{-1}\left(\dfrac{\sin\phi\sin h - \sin\delta}{\cos\phi\cos h}\right), & \omega<0° \end{cases} \tag{2.14}$$

5. 坐标系转换

设 $o_p\text{-}x_py_pz_p$ 及 $o_q\text{-}x_qy_qz_q$ 为任意两个原点及坐标轴方向均不重合的右手直角坐标系。令 P_Q 为 x_q、y_q、z_q 坐标轴单位矢量 E_p 变换成 x_p、y_p、z_p 坐标轴单位矢量 E_q 的转换矩阵，则有

$$E_p = P_Q E_q \tag{2.15}$$

其中

$$E_p = \begin{bmatrix} x_p^0 \\ y_p^0 \\ z_p^0 \end{bmatrix}, \quad E_q = \begin{bmatrix} x_q^0 \\ y_q^0 \\ z_q^0 \end{bmatrix} \tag{2.16}$$

其中，x_p^0、y_p^0、z_p^0 为 E_p 沿三个坐标轴的分量；x_q^0、y_q^0、z_q^0 为 E_q 沿三个坐标轴的分量。

两坐标系间方向余弦阵有一个简单的形式，即这两个坐标系的三个轴中，有一组相应的坐标轴平行，如 z_q 与 z_p，而 y_q 与 y_p 夹角为 ξ，此时方向余弦阵为

$$P_Q = \begin{bmatrix} \cos\xi & \sin\xi & 0 \\ -\sin\xi & \cos\xi & 0 \\ 0 & 0 & 1 \end{bmatrix} = M_3[\xi] \tag{2.17}$$

其中，$M_3[\xi]$ 为两坐标系第三个轴平行而其他相应轴夹角为 ξ 的方向余弦阵，是

初等矩阵。

同理可得下式，即

$$M_1[\varsigma] = \begin{bmatrix} 1 & 0 & 0 \\ 0 & \cos\varsigma & \sin\varsigma \\ 0 & -\sin\varsigma & \cos\varsigma \end{bmatrix} \tag{2.18}$$

$$M_2[\eta] = \begin{bmatrix} \cos\eta & 0 & -\sin\eta \\ 0 & 1 & 0 \\ \sin\eta & 0 & \cos\eta \end{bmatrix} \tag{2.19}$$

其中，$M_1[\varsigma]$ 为两坐标系第一个轴平行而其他相应轴夹角为 ς 的方向余弦阵；$M_2[\eta]$ 为两坐标系第二个轴平行而其他相应轴夹角为 η 的方向余弦阵。

坐标轴系转换矩阵的欧拉角表示法，可按照 3-2-1(先绕第三个坐标轴，然后绕第二个坐标轴，最后绕第一个坐标轴)的转换方式转换，即

$$P_Q = M_1[\varsigma]M_2[\eta]M_3[\xi] \tag{2.20}$$

$$P_Q = \begin{bmatrix} \cos\xi\cos\eta & \sin\xi\cos\eta & -\sin\eta \\ \cos\xi\sin\eta\sin\varsigma - \sin\xi\cos\varsigma & \sin\xi\sin\eta\sin\varsigma - \cos\xi\cos\varsigma & \cos\eta\sin\varsigma \\ \cos\xi\sin\eta\cos\varsigma + \sin\xi\sin\varsigma & \sin\xi\sin\eta\cos\varsigma - \cos\xi\sin\varsigma & \cos\eta\cos\varsigma \end{bmatrix} \tag{2.21}$$

2.2.2　太阳直射辐射

太阳是一个炽热的气体球，以电磁波辐射的形式向外界不断地发送能量。太阳的光谱强度分布近似于 5762K 的黑体辐射。光谱辐射强度主要集中在波长 0.2～3 μm 范围内，峰值波长约为 0.5 μm。大约 50%的太阳辐射能量在可见光谱区(波长 0.4～0.76 μm)，7%在紫外光谱区(波长<0.4 μm)，43%在红外光谱区(波长>0.76 μm)。由于太阳辐射波长较地面和大气辐射波长(3～120 μm)小得多，因此通常又称太阳辐射为短波辐射。

太阳常数是指太阳与地球之间为平均距离时，地球大气层上边界处垂直于阳光射线的表面在单位面积、单位时间获得的太阳辐射能量。1981 年，世界气象组织提出的太阳常数为 1367 W/m²。这一数值得到广泛的认可，并一直沿用至今。

由于地球公转，日地距离在一年内周期性变化，因此地球大气层上界垂直于阳光射线表面的太阳辐射值也会随之变化。大气层外边界处的太阳辐射强度 I_{sun} 可表示为

$$I_{sun} = f I_0 \tag{2.22}$$

其中，I_0 为太阳常数；f 为日地距离修正系数，常见的计算方法为

$$f = 1 + 0.033\cos(2n\pi / 365) \tag{2.23}$$

如图 2.2 所示，大气层外边界的太阳辐射强度的变化范围为 1322～1412 W/m²。

太阳直射辐射强度是垂直于太阳光射线的表面上，单位时间内投射到单位面积上的太阳直射辐射能量。

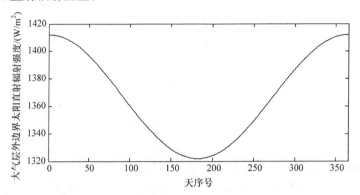

图 2.2　大气层外边界的太阳直射辐射强度全年变化

太阳的直射辐射强度 I_{DN} 为

$$I_{DN} = I_{sun}\tau_{atm} \tag{2.24}$$

其中，τ_{atm} 为大气透过率，用于衡量大气透明程度。

τ_{atm} 越接近 1，表明大气越清澈，阳光穿越大气层时被吸收的能量越少。τ_{atm} 不是实际存在的一个物理参数，而是综合反映大气厚度、消光系数等难于确定的多种因素对太阳辐射的衰减系数，τ_{atm} 可用下式近似计算，即

$$\tau_{atm} = 0.5[\exp(-0.65m) + \exp(-0.095m)] \tag{2.25}$$

其中，m 为大气质量比，表示大气对地球表面接收太阳光的影响程度。

国外学者对大气质量比分别提出求解关系式，如表 2.1 所示。

表 2.1　国外学者提出的大气质量的求解关系式

作者	关系式
Gates[74]	$m = \dfrac{1}{\cos\psi}\dfrac{P_a}{P_0}$ 其中，P_a 为所在高度的大气压；P_0 为地球标准水平面上的大气压；ψ 为太阳光线和平面法向量之间的夹角，即 $\psi + h = 90°$
Kreith 等[31]	$m = \dfrac{P_a}{P_0}\left[\sqrt{1299 + (614\cos\psi)^2} - 614\cos\psi\right]$ 其中，当 $\psi \leqslant 70°$ 时有效，当 $\psi > 70°$ 时，因为受到气球曲率和大气折射的影响，获得的大气质量会偏大
Farley[75]	$m = C_m\dfrac{P_a}{P_0}\left[\sqrt{1299 + (614\cos\psi)^2} - 614\cos\psi\right]$ 其中，C_m 为修正系数
Ball[76]	$m = \dfrac{P_a}{P_0}\dfrac{35}{(1 + 1224\cos^2\psi)^2}$

作者	关系式
Rodgers 等[77]	$m = \begin{cases} \dfrac{\frac{P_a}{P_0}}{\cos\psi}, & \theta < 80° \\[2mm] \dfrac{P_a}{P_0}\exp\begin{pmatrix} 3.37985 - 24.4465\cos\psi + 154.017\cos^2\psi \\ -742.181\cos^3\psi + 2263.36\cos^4\psi - \\ 3804.89\cos^5\psi + 2661.05\cos^6\psi \end{pmatrix}, & \theta \geqslant 80° \end{cases}$
Hulstrom[78]	$m = \dfrac{P_a}{p_0}\left[\cos\psi + 0.15(93.885 - \psi)^{-1.253}\right]^{-1}$
Gueymard[79]	$m = \dfrac{P_a}{p_0}\left[\cos\psi + 0.00176759(90 - \psi)(4.37515 + \psi)^{-1.253}\right]^{-1}$

这里选用 Kreith 等[31]提出的方法，这个方法也被广泛应用于求浮空器的太阳辐射，即

$$m = \frac{P_a}{P_0}\left[\sqrt{1229 + (614\sin h)^2} - 614\sin h\right] \tag{2.26}$$

2.2.3　太阳散射辐射

太阳散射辐射又称天空散射辐射，分为空气分子的散射(瑞利散射)和气溶胶颗粒的散射辐射(米散射)。大气气溶胶指大气中悬浮着的各种各样的固体和液体粒子，如尘埃、烟粒、微生物、植物的孢子和花粉，以及云雾滴、冰晶和雨雪等粒子。

瑞利散射的光强与波长的四次方成反比。波长短的辐射散射的能量大，这也是天空呈现蔚蓝色的原因。米散射是当粒子的尺度接近或大于入射光的波长时，其散射的光强在各方向是不对称的，其中大部分入射光线沿前进方向进行散射，因此与分子散射不同，气溶胶散射光谱比较接近入射光谱。例如，太阳光是白光，云滴散射的结果也是白色的。

浮空器囊体蒙皮吸收的天空散射辐射强度 Q_d 为

$$Q_d = \varphi_{os}\alpha_s A I_d \tag{2.27}$$

$$I_d = f\frac{I_0\sin h}{2}\cdot\frac{m(1 - \tau_{\mathrm{atm}})}{m - 1.4\ln\tau_{\mathrm{atm}}} \tag{2.28}$$

其中，φ_{os} 为蒙皮表面对天空的角系数；A 为囊体表面积；I_d 为天空散射辐射强度；α_s 为蒙皮外表面太阳辐射吸收率。

2.2.4　地面反射辐射

在地球大气系统对太阳辐射的吸收中，大气的吸收只占20%，地球外表吸收

约占 50%。太阳射线到地球以后，有一部分被地球反射返回大气。反射辐射的大小与到达反射面的水平总辐射和反射面的反照率有关。到达反射面的水平总辐射与散射辐射和直射辐射有关，即

$$I_g = \rho \left[I_{DN} \sin(h) + I_d \right] \tag{2.29}$$

其中，ρ 为地面的平均反射率。

地表反射率如表 2.2 所示。

表 2.2　地表反射率

表面类型	草地	文献来源
雪地	0.8	Moody 等[78]
草地	0.2	He 等[81]
云层	0.6	Menon 等[82]
沙漠	0.25	蔡福等[83]
水体	0.15	Jin 等[84]

浮空器囊体蒙皮吸收的地面反射辐射强度 Q_g 为

$$Q_g = \varphi_{og} A I_g \tag{2.30}$$

其中，A 为囊体表面积；φ_{og} 为蒙皮表面对地面的角系数；I_g 为地面反射辐射强度。

2.2.5　太阳辐射模型验证

计算北纬 46.07°，东经 11.12°，海拔高度 195m 的水平面太阳辐射强度，将实验测量值[41,85]与模型计算值进行对比(图 2.3)。结果表明，计算值与测量值吻合良好，太阳辐射模型较为合理。

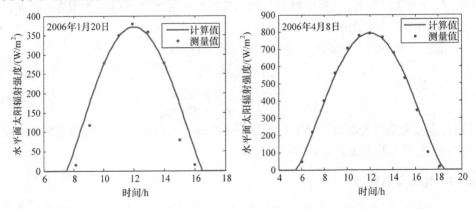

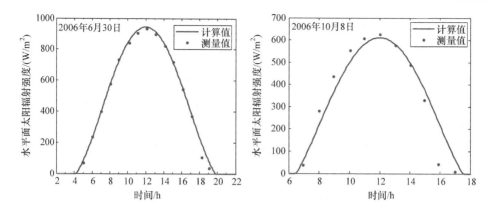

图 2.3　水平面太阳辐射测量值与模型计算值对比

水平面总太阳辐射强度 I_s 可按下式计算，即

$$I_s = I_{\mathrm{DN}} \sin h + I_d \tag{2.31}$$

2.3　红外辐射模型

浮空器囊体蒙皮表面的红外辐射换热分为蒙皮外表面辐射换热和蒙皮内表面间的红外辐射换热。蒙皮外表面红外辐射换热包括蒙皮外表面与大气和地面的红外辐射换热。这里将蒙皮看作灰体，即对红外辐射的吸收率等于其发射率。

1. 蒙皮外表面与大气红外辐射

蒙皮外表面与大气红外辐射强度为

$$q_s = \varphi_{\mathrm{os}} \sigma (\varepsilon_{\mathrm{out}} T_f^{\,4} - \varepsilon_s T_s^{\,4}) \tag{2.32}$$

其中，φ_{os} 为接受辐射表面对天空的角系数；$\sigma = 5.67 \times 10^{-8}\,\mathrm{w/(m^2 \cdot K^4)}$ 为 Stefan-Boltzmann 常数；$\varepsilon_{\mathrm{out}}$ 为蒙皮外表面的红外发射率；ε_s 为天空的红外发射率；T_f 为蒙皮的温度；T_s 为浮空器所在大气的有效温度。

ε_s 可用下式计算，即

$$\varepsilon_s = 0.52 + 0.65 \times \mathrm{pw}^{0.5} \tag{2.33}$$

其中，pw 为大气中的水蒸气分压，即

$$\mathrm{pw} = 0.01 \times 0.6 \exp\left(\frac{29.06 - 6211.8}{274.35 + T_s - 273} \right) \tag{2.34}$$

2. 蒙皮外表面与地面红外辐射

蒙皮外表面与地面红外辐射强度为

$$q_e = \varphi_{og}\sigma(\varepsilon_{out}T_f^4 - \tau_{atmIR}\varepsilon_g T_g^{\,4}) \tag{2.35}$$

其中，φ_{og} 为蒙皮接受辐射表面与地面的角系数；T_g 为地球表面温度；ε_g 为地面红外发射率；τ_{atmIR} 为红外透射率，即

$$\tau_{atmIR} = 1.716 - 0.5\left[\exp(-0.65P_a/P_0) + \exp(-0.095P_a/P_0)\right] \tag{2.36}$$

式中，P_a 为所在高度大气压；P_0 为地球标准水平面上大气压。

3. 蒙皮内表面间的红外辐射

假设浮空器是由 n 个灰表面组成的封闭腔体，内表面为漫反射，且对外辐射强度是均匀的。若每个表面温度已知，假定每个表面都不是内凹的，在此条件下，单元 i 表面的辐射换热量为[86]

$$Q_{i,rin} = (J_i - G_i)A_i \tag{2.37}$$

其中，J_i 为单元 i 的有效辐射力(W/m²)；G_i 为单元 i 的投射辐射力(W/m²)；A_i 为单元 i 表面积。

$$J_i = \varepsilon_{in}\sigma T_i^4 + (1 - \varepsilon_{in})\sum_{j=1}^{n} J_j X_{j,i} \tag{2.38}$$

$$G_i = \frac{J_i - \varepsilon_{in}\sigma T_i^4}{1 - \varepsilon_{in}} \tag{2.39}$$

式中，ε_{in} 为蒙皮内表面的红外发射率；T_i 为单元 i 的温度；$X_{j,i}$ 为单元 j 对单元 i 的角系数；J_j 为单元 j 的有效辐射力。

式(2.38)可改写为

$$\sigma T_i^4 = \frac{1}{\varepsilon_{in}}\left[J_i - \sum_{j=1}^{n}(1 - \varepsilon_{in})J_j X_{j,i}\right] = \sum_{j=1}^{n}\frac{\delta_{i,j} - (1 - \varepsilon_{in})X_{j,i}}{\varepsilon_{in}}J_j = \sum_{j=1}^{n} a_{i,j}J_j \tag{2.40}$$

则式(2.38)可写为

$$\begin{bmatrix} a_{1,1} & \cdots & a_{1,n} \\ \vdots & & \vdots \\ a_{n,1} & \cdots & a_{n,n} \end{bmatrix}\begin{bmatrix} J_1 \\ \vdots \\ J_n \end{bmatrix} = \sigma\begin{bmatrix} T_1^4 \\ \vdots \\ T_n^4 \end{bmatrix} \tag{2.41}$$

$$a_{i,j} = \frac{\delta_{i,j} - (1 - \varepsilon_{in})X_{i,j}}{\varepsilon_{in}} \tag{2.42}$$

其中，$X_{i,j}$ 为单元 i 对单元 j 的角系数；系数 $\delta_{i,j}$ 为克罗内克算子，即

$$\delta_{i,j} = \begin{cases} 1, & i = j \\ 0, & i \neq j \end{cases} \tag{2.43}$$

设单元 j 对 i 的角系数为 $X_{j,i}$，单元 i 对 j 的角系数为 $X_{i,j}$，即

$$X_{j,i} = \frac{\cos\theta_1 \cos\theta_2 A_i}{\pi r^2} \tag{2.44}$$

$$X_{i,j} = \frac{\cos\theta_1 \cos\theta_2 A_j}{\pi r^2} \tag{2.45}$$

其中，r 为两单元的重心连线长；θ_1 和 θ_2 为连线与单元 i 和单元 j 法向量的夹角。

2.4 对流换热模型

2.4.1 气体热物性参数

空气的动力黏度 μ_{air}、导热系数 λ_{air}，以及普朗特数 Pr_{air} 可分别用下列公式计算，即

$$\mu_{\text{air}} = (1.458\times10^{-6}T_{\text{air}}^{1.5}) / (T_{\text{air}} + 110.4) \tag{2.46}$$

$$\lambda_{\text{air}} = 0.0241(T_{\text{air}} / 273.15)^{0.9} \tag{2.47}$$

$$Pr_{\text{air}} = 0.804 - 3.25\times10^{-4}T_{\text{air}} \tag{2.48}$$

其中，T_{air} 为空气的温度。

氦气的动力黏度 μ_{He}、导热系数 λ_{He}，以及普朗特数 Pr_{He} 可分别用下列公式计算，即

$$\mu_{\text{He}} = 1.895\times10^{-5}(T_{\text{He}} / 273.15)^{0.674} \tag{2.49}$$

$$\lambda_{\text{He}} = 0.144(T_{\text{He}} / 273.15)^{0.7} \tag{2.50}$$

$$Pr_{\text{He}} = 0.729 - 1.6\times10^{-4}T_{\text{He}} \tag{2.51}$$

其中，T_{He} 为氦气的温度。

2.4.2 蒙皮外表面对流换热

平流层浮空器正球形囊体可以由球体表面对流换热公式计算。平流层浮空器流线型囊体近似为椭球，尺寸较大。流线型囊体的强迫对流换热可等效为平板与球体外表面强迫对流的一种加权平均[41]。

平板强迫对流换热努塞尔数 Nu_L 可用下式计算，即

$$Nu_L = \begin{cases} 0.664Re^{1/2}Pr^{1/3}, & Re < 5\times10^5 \\ (0.037Re^{4/5} - 871)Pr^{1/3}, & 5\times10^5 \leqslant Re \leqslant 10^8 \\ 0.037Re^{4/5}Pr^{1/3}, & Re \geqslant 10^8 \end{cases} \tag{2.52}$$

球体表面强迫对流换热努塞尔数 Nu_D 可用下式计算，即

$$Nu_D = \begin{cases} 2 + 0.47Re^{1/2}Pr^{1/3}, & 100 \leqslant Re < 5\times10^5 \\ (0.0262Re^{4/5} - 615)Pr^{1/3}, & 5\times10^5 \leqslant Re \leqslant 10^8 \\ 0.0262Re^{4/5}Pr^{1/3}, & Re \geqslant 10^8 \end{cases} \tag{2.53}$$

其中，Re 为外部流场局部雷诺数，$Re = uL/\upsilon$，u 为流速，L 为特征尺寸，υ 为运动黏度；Pr 为普朗特数。

囊体外表面的强迫对流换热努塞尔数 Nu_F 可用下式计算，即

$$Nu_F = \beta Nu_L + (1-\beta)Nu_D \tag{2.54}$$

其中，β 为加权系数，一般取 0.5，视浮空器形状而定。

流线型囊体外表面自然对流换热可采用圆柱体自然对流公式。圆柱体外部自然对流换热努塞尔数为

$$Nu_N = \left[0.6 + 0.387\left(\frac{Gr \cdot Pr}{1 + 0.559/Pr}\right)^{1/6} \right]^2 \tag{2.55}$$

球体外部自然对流换热努塞尔数为

$$Nu_N = 2 + \frac{0.589(Gr \cdot Pr)^{0.25}}{[(1 + 0.469/Pr)^{9/16}]^{4/9}}, \quad Gr \cdot Pr < 10^{11} \tag{2.56}$$

其中，Gr 为格拉斯霍夫数(浮升力特征数)，即

$$Gr = \frac{g\beta\Delta T l^3 \rho^2}{\mu^2} = \frac{g\beta\Delta T l^3}{\upsilon^2} \tag{2.57}$$

其中，ρ 为流体密度；l 为浮空器的特征尺寸；g 为重力加速度；ΔT 为温差；υ 为运动黏度，$\upsilon = \mu/\rho$，μ 为动力黏度；β 为气体体积膨胀系数，$\beta = 1/T$。

在对流传热中，一般认为当 $Gr/Re^2 \geqslant 0.1$ 时，自然对流的影响不能忽略；当 $Gr/Re^2 \geqslant 10$ 时，强迫对流的影响对于自然对流可以忽略不计；当 $0.1 \leqslant Gr/Re^2 \leqslant 10$ 时，称混合对流[87]。此时，两种对流换热的作用都应考虑。浮空器外部强迫对流和自然对流混合对流换热努塞尔数 Nu_{out} 可表示为

$$Nu_{out} = \begin{cases} Nu_F, & \dfrac{Gr}{Re^2} \leqslant 0.1 \\ (Nu_F{}^3 \pm Nu_N{}^3)^{1/3}, & 0.1 \leqslant \dfrac{Gr}{Re^2} \leqslant 10 \\ Nu_N, & \dfrac{Gr}{Re^2} \geqslant 10 \end{cases} \tag{2.58}$$

其中，Nu_F 和 Nu_N 分别为强迫对流和自然对流关系式确定的努塞尔数；正号适用于同向和横向流动，而负号适用于逆向流动。

2.4.3　蒙皮内表面对流换热

对于内部气体与蒙皮内表面的自然对流努塞尔数，可用下式计算，即

$$Nu_{in} = 0.13(Gr_{He} \cdot Pr_{He})^{1/3} \tag{2.59}$$

其中，Gr_{He} 为氦气格拉斯霍夫数；Pr_{He} 为氦气普朗特数。

国外学者在研究浮空器内部对流时，提出如下一些经验公式。

Kreith 等[31]给出的气球内部自然对流换热关系式为

$$Nu_{in} = \begin{cases} 0.59(Gr_{He} \cdot Pr_{He})^{1/4}, & Gr_{He} \cdot Pr_{He} < 10^9 \\ 0.13(Gr_{He} \cdot Pr_{He})^{1/3}, & Gr_{He} \cdot Pr_{He} > 10^9 \end{cases} \tag{2.60}$$

Calson 等[32]给出的气球内部自然对流换热关系式为

$$Nu_{in} = \begin{cases} 5 + 1.5(Gr_{He} \cdot Pr_{He})^{1/4}, & Gr_{He} \cdot Pr_{He} < 1.5 \times 10^8 \\ 0.325(Gr_{He} \cdot Pr_{He})^{1/3}, & Gr_{He} \cdot Pr_{He} > 1.5 \times 10^8 \end{cases} \tag{2.61}$$

2.5　太阳电池模型

太阳电池由多层不同材料制造，包括玻璃罩、密封剂、薄膜电池和衬底等。本节太阳电池采用三层结构模型：第一层为防护玻璃罩，可透过太阳辐射；第二层为太阳电池和电力连接装置；第三层为隔热层。太阳电池的第一层将大多数太阳辐射传给电池层，到达电池层的太阳能有很大一部分被吸收，另一部分被反射回大气层。第一层外表面与大气进行对流换热，并与天空、地面进行辐射换热。第一层内表面与第二层进行热量传递。第二层与第一层、第三层同样存在热传导，太阳电池将吸收的太阳辐射转化为电能储存在电池中，其余部分吸收的太阳辐射转换为热量。太阳电池的传热机理如图 2.4 所示。其传热过程可用如下微分方程描述，即

$$m_1 c_{p1} \frac{dT_1}{d\tau} = Q_{s1} - Q_{conv} - Q_r + Q_{12} \tag{2.62}$$

$$m_2 c_{p2} \frac{dT_2}{d\tau} = Q_{s2} - Q_{PV} - Q_{12} - Q_{23} \tag{2.63}$$

$$m_3 c_{p3} \frac{dT_3}{d\tau} = Q_{23} - Q_{3,en} \tag{2.64}$$

其中，m_1、m_2 和 m_3 分别为防护层、电池层和隔热层质量；c_{p1}、c_{p2} 和 c_{p3} 分别为防护层、电池层和隔热层比热；T_1、T_2 和 T_3 分别为防护层、电池层和隔热层温度；Q_{s1}、Q_{conv}、Q_r 分别为第一层吸收的太阳辐射、与大气的对流换热、与天空和地球的红外辐射换热；Q_{s2} 为第二层吸收的太阳辐射；Q_{PV} 为太阳电池的输出

功率；$Q_{i(i+1)}$ 为第 i 层与第 $i+1$ 层之间的导热换热；$Q_{3,\text{en}}$ 为第三层与浮空器囊体蒙皮间的换热。

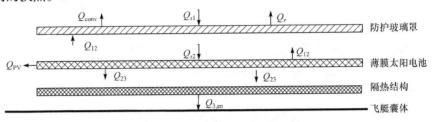

图 2.4　太阳电池的传热机理

太阳电池平衡方程为

$$m_c c_c \frac{\mathrm{d}T_c}{\mathrm{d}\tau} = Q_{\text{sc}} - Q_r - Q_{\text{conv}} - Q_{\text{cond}} - Q_{\text{PV}} \tag{2.65}$$

其中，m_c 和 c_c 分别为太阳电池总体质量和比热；Q_{cond} 为太阳电池与蒙皮间导热；Q_{sc} 为太阳电池吸收的太阳辐射；T_c 为太阳电池平均温度。

将传热过程中的热阻[87]概念引入太阳电池与蒙皮间的热传导。太阳电池与囊体蒙皮间的热传导为

$$Q_{\text{cond}} = \frac{A_c(T_c - T_{\text{cd}})}{R} = \frac{A_c(T_c - T_{\text{cd}})}{d/\lambda} = \frac{A_c(T_c - T_{\text{cd}})}{\sum d_i/\lambda_i} \tag{2.66}$$

其中，A_c 为太阳电池表面积；T_c 和 T_{cd} 分别为太阳电池温度和太阳电池下方的蒙皮的温度；R 为太阳电池(含隔热结构)等效热阻；d 为太阳电池(含隔热结构)厚度；λ 为等效导热系数；d_i 和 λ_i 为第 i 层的厚度和导热系数。

电池层的厚度为 0.33mm，导热系数为 137.95W/(m·K)，隔热结构厚度为 8mm，当量导热系数为 0.03～0.06W/(m·K)，隔热结构的当量热阻为 0.267～0.533 $\text{m}^2\cdot\text{K/W}$。在计算太阳电池热阻对平流层浮空器热特性的影响时，热阻取值范围 0.0001～1$\text{m}^2\cdot\text{K/W}$。

太阳电池输出功率[88]为

$$Q_{\text{PV}} = Q_{\text{sc}}\eta_0[1 - c\_t(T_i - T_0)] \tag{2.67}$$

其中，η_0 为 T_0 条件下太阳电池的转换效率，$\eta_0 = 0.2$；c_t 为效率的温度影响因子，$c\_t = 0.001\text{K}^{-1}$；$T_0 = 298.15\text{K}$。

2.6　流场计算模型

2.6.1　物理模型

浮空器囊体可简化为临近空间平流层环境中的一个薄壁囊体封闭腔，腔内填

充一定质量的浮升气体,其压力大致等于所处高度的环境压力。太阳辐射方向在一天内缓慢变化。由于壁面很薄,忽略其热阻,可视为外部热环境直接作用于腔体内壁面形成随时间变化的非均匀热边界条件,引起腔内气体的自然对流。由于腔外热环境变化缓慢,在足够长的时间段内(1～2h),腔内壁热边界条件可视为基本不变,腔内自然对流在此时间段内接近定常状况,因此可将一昼夜内腔内的自然对流过程离散为不同热边界条件下的多个定常过程[73,74]。

2.6.2　控制方程

基于上述描述,该物理问题的三维定常可压流常用的控制方程(矢量形式)[89-92]如下。

连续方程为

$$\nabla(\rho U) = 0 \tag{2.68}$$

动量方程为

$$\rho(U\nabla)U = \rho F - \nabla P + \frac{\mu}{3}\nabla(\nabla U) + \mu\nabla^2 U \tag{2.69}$$

能量方程为

$$\rho(U\nabla)T = \frac{k}{c_p}\nabla^2 T \tag{2.70}$$

其中,$\nabla = \dfrac{\partial}{\partial x} + \dfrac{\partial}{\partial y} + \dfrac{\partial}{\partial z}$;$\rho$、$U$、$P$ 和 T 分别为流体密度、速度、压力和温度;μ 为流体动力黏性系数;k 为湍动能;c_p 为流体比热;F 为流体受到的外力。

随着雷诺数的增加,流动由规则的层流转变为无规则的湍流。湍流流动的存在使流体介质之间相互交换动量、能量等,并且这种交换是小尺度、高频率、随机的。由于这种随机特征,描述流动的方程难以用于流动计算,虽然守恒方程仍然成立,但瞬时速度分布等变量必须用瞬时量。在现有的条件下,对于湍流流动随时间变化N-S 方程的直接数值模拟较为困难,在工程中要求数值程序能提供关于湍流过程的足够信息,但不必预测流动中的每个漩涡,以及每个漩涡对于流动的影响。采用湍流脉动的时间平均方法,忽略与流动状态有关的瞬时脉动细节,可以得到时均控制方程,进而通过建立补充方程使整个求解方程封闭。目前常用的湍流模型包括 k-ε 模型、k-ω 剪切应力传输(shear stress transfer,SST)模型、S-A 模型等[93-97]。

k-ω 剪切应力传输模型多用于航空领域,主要是固体壁面等附近的流动,计算效果较好。

根据湍流推动统计规律,对流动速度 u 及其他相关量 Φ 做平均处理,即

$$u = \bar{u} + u' \tag{2.71}$$

$$\Phi = \bar{\Phi} + \Phi' \tag{2.72}$$

其中,$\bar{u}$ 和 $\bar{\Phi}$ 表示时间平均量;u' 和 Φ' 表示脉动量。

时均连续方程、Renolds 方程和标量 $\varPhi$ 的时均运输方程为

$$\frac{\partial \rho}{\partial t} + \frac{\partial}{\partial x_i}(\rho u_i) = 0 \tag{2.73}$$

$$\frac{\partial}{\partial t}(\rho u_i) + \frac{\partial}{\partial x_j}(\rho u_i' u_j') = -\frac{\partial p}{\partial x_i} + \frac{\partial}{\partial x_j}\left(\mu \frac{\partial u_i}{\partial x_j} - \rho \overline{u_i' u_j'}\right) + S_i \tag{2.74}$$

$$\frac{\partial}{\partial t}(\rho \varPhi) + \frac{\partial}{\partial x_j}(\rho u_j \varPhi) = -\frac{\partial p}{\partial x_j}\left(\varGamma \frac{\partial \varPhi}{\partial x_j} - \rho \overline{u_j' \varPhi'}\right) + S_j \tag{2.75}$$

其中，x_i 和 x_j 表示坐标分量；u_i 和 u_j 表示速度分量；u_i' 和 u_j' 表示速度脉动量；$\overline{u_i' u_j'}$ 表示雷诺应力项；$\overline{u_j' \varPhi'}$ 表示雷诺扩散和热传导项；S_i 和 S_j 表示流体质量源的坐标分量；$\varGamma$ 表示扩散和热传导系数；p 表示流体压力。

根据雷诺平均 Boussinesq 模型，将湍流黏度和湍流平均参数联系在一起，即

$$-\rho \overline{u_i' u_j'} = \mu_t\left(\frac{\partial u_i}{\partial x_j} + \frac{\partial u_j}{\partial x_i}\right) - \frac{2}{3}\left(\rho k + \mu_t \frac{\partial u_i}{\partial x_i}\right)\delta_{ij} \tag{2.76}$$

其中，μ_t 为湍流黏性系数；δ_{ij} 为克罗内克算子。

对于式(2.76)，计算湍流流动的中心问题在于如何求解湍流黏度。

剪切应力传输湍流模型是在标准湍流模型的基础上，考虑湍流模型的优点，建立的一个分区域计算的模型，在靠近壁面的边界层采用湍流模型，因为模型的一个重要特点就是其对逆压梯度敏感，能够模拟较大的分离运动。在边界层外部流场中，使用湍流模型可以有效地避免模型对自由来流比较敏感的缺点，提高模型的稳定性。该模型能够模拟中等分离流动，尤其在逆压梯度较大的流场模拟中表现出色。其控制方程为

$$\frac{\partial(\rho k)}{\partial t} = \tau_{ij}\frac{\partial u_i}{\partial x_j} + \beta^* \rho \omega k + \frac{\partial}{\partial x_j}\left[(\mu + \sigma_k \mu_t)\frac{\partial k}{\partial x_j}\right] \tag{2.77}$$

$$\frac{\partial(\rho \omega)}{\partial t} = \alpha \frac{\omega}{k}\tau_{ij}\frac{\partial u_i}{\partial x_j} - \beta \rho \omega^2 + \frac{\partial}{\partial x_j}\left[(\mu + \sigma_\omega \mu_t)\frac{\partial \omega}{\partial x_j}\right] \tag{2.78}$$

其中，k 为湍动能；ω 为比耗散率；τ_{ij} 为偏应力张量的分量；$\alpha = \frac{5}{9}$；$\beta = \frac{3}{40}$；$\beta^* = \frac{9}{100}$；$\sigma_k = 0.5$；$\sigma_\omega = 0.5$。

2.7　热平衡方程

本节将浮空器的囊体蒙皮划分为若干个三角形单元，建立各单元的热平衡

方程，并做以下假设。

① 蒙皮厚度很小，可忽略蒙皮单元厚度方向的导热及其与相邻单元之间的导热。

② 单元表面温度均匀。

③ 单元表面太阳辐射均匀，对太阳辐射吸收特性均匀。

④ 单元表面的红外辐射为灰体辐射换热。

⑤ 蒙皮单元不透明，太阳辐射不能透过。

平流层浮空器囊体一般分为氦气囊和空气囊。氦气囊和外界不存在质量交换。空气囊通过阀门或风机与周围大气进行质量交换。氦气囊和空气囊之间通过隔膜隔开，压力保持平衡。此外，假设空气囊和氦气囊的气体均为理想气体，满足理想气体状态方程，空气囊和氦气囊的总体积保持不变。

本节分析平流层浮空器正球形和流线型囊体在驻空期间的热特性。正球形囊体不考虑太阳电池，流线型囊体侧重分析太阳电池对浮空器热特性的影响。

2.7.1 正球形囊体

将囊体蒙皮表面划分为若干三角形单元，以单元 i 为研究对象。其单位法向量为 $n_i(n_x, n_y, n_z)$，单元 i 所在平面与水平面之间的夹角 θ_i 为

$$\cos\theta_i = n_z \text{或} |n_z| \tag{2.79}$$

单元 i 法向量与太阳入射光线单位矢量 E 的夹角 β_i 为

$$\beta_i = \cos^{-1}(E \times n_i) \tag{2.80}$$

若 $\beta_i \in (\pi/2, \pi)$，则该单元能接受太阳直射辐射；若 $\beta_i \in (0, \pi/2)$，则该单元不能接受太阳直射辐射。

单元与天空的角系数 φ_{os} 为

$$\varphi_{os} = (1 + \cos\theta_i)/2 \tag{2.81}$$

单元与地面的角系数 φ_{og} 为

$$\varphi_{og} = (1 - \cos\theta_i)/2 \tag{2.82}$$

浮空器在驻空期间，假设空气囊中空气完全排净，浮空器内全部充满氦气。蒙皮单元的热平衡方程为

$$m_i c_f \frac{\partial T_i}{\partial \tau} = Q_{s1,i} + Q_{s2,i} + Q_{s3,i} - Q_{os,i} - Q_{og,i} - Q_{rin,i} - Q_{co,i} + Q_{cin,i} \tag{2.83}$$

其中，$Q_{s1,i}$、$Q_{s2,i}$ 和 $Q_{s3,i}$ 分别为单元 i 吸收的太阳直射、天空散射和地面反射；$Q_{os,i}$、

$Q_{\mathrm{og},i}$ 和 $Q_{\mathrm{rin},i}$ 分别为单元 i 与大气、地球和其他单元的红外辐射；$Q_{\mathrm{co},i}$ 和 $Q_{\mathrm{cin},i}$ 分别为单元 i 与大气和内部氦气的对流换热；m_i、T_i 和 c_f 分别表示单元的质量、温度和比热。

氦气囊气体的热平衡方程为

$$m_{\mathrm{He}}c_{\mathrm{He}}\frac{\partial T_{\mathrm{He}}}{\partial \tau}=\sum Q_{\mathrm{cin},i} \tag{2.84}$$

其中，m_{He}、c_{He} 和 T_{He} 分别表示内部氦气的质量、比热和平均温度。

单元 i 吸收的太阳直射辐射能 $Q_{s1,i}$ 为

$$Q_{s1,i}=\alpha_s A_i I_{\mathrm{DN}}(-\cos\beta_i) \tag{2.85}$$

其中，α_s 为蒙皮的太阳辐射吸收率；A_i 为单元面积；I_{DN} 为太阳直射辐射强度。

单元 i 吸收的太阳散射辐射能 $Q_{s2,i}$ 为

$$Q_{s2,i}=\alpha_s A_i I_d(1+\cos\theta_i)/2 \tag{2.86}$$

其中，I_d 为太阳散射辐射强度。

单元 i 吸收的地面反射辐射能 $Q_{s3,i}$ 为

$$Q_{s3,i}=\alpha_s A_i I_g(1-\cos\theta_i)/2 \tag{2.87}$$

其中，I_g 为地面反射辐射强度。

单元 i 与大气红外辐射强度 $Q_{\mathrm{os},i}$ 为

$$Q_{\mathrm{os},i}=\alpha_{\mathrm{IR}}A_i(\sigma T_i^4-\varepsilon_s\sigma T_s^{\,4})(1+\cos\theta_i)/2 \tag{2.88}$$

其中，α_{IR} 为蒙皮的红外吸收率；σ 为 Stefan-Boltzmann 常数；ε_s 为天空红外发射率；T_i 为单元温度；T_s 为大气有效温度。

单元 i 与地球红外辐射 $Q_{\mathrm{og},i}$ 为

$$Q_{\mathrm{og},i}=\alpha_{\mathrm{IR}}A_i(\sigma T_i^4-\tau_{\mathrm{atmIR}}\varepsilon_g\sigma T_g^{\,4})(1-\cos\theta_i)/2 \tag{2.89}$$

其中，τ_{atmIR} 为大气红外透射率；ε_g 为地面红外发射率；T_g 为地面温度。

单元 i 吸收到其他单元的红外辐射 $Q_{\mathrm{rin},i}$ 为

$$Q_{\mathrm{rin},i}=A_i(J_i-G_i) \tag{2.90}$$

其中，J_i 为单元有效辐射力；G_i 为单元投射辐射力。

单元 i 外表面与大气的对流换热 $Q_{\mathrm{co},i}$ 为

$$Q_{\mathrm{co},i}=A_i h_o(T_i-T_s) \tag{2.91}$$

其中，h_o 为单元与大气对流换热系数。

单元 i 内表面与氦气囊气体的对流换热 $Q_{\text{cin\_He},i}$ 为

$$Q_{\text{cin\_He},i} = A_i h_{\text{He}}(T_i - T_{\text{He}}) \tag{2.92}$$

其中，h_{He} 为单元与氦气对流换热系数；T_{He} 为内部氦气平均温度。

单元 i 内表面与空气囊气体的对流换热 $Q_{\text{cin\_air},i}$ 为

$$Q_{\text{cin\_air},i} = A_i h_{\text{air}}(T_i - T_{\text{air}}) \tag{2.93}$$

其中，h_{air} 为单元与内部空气对流换热系数；T_{air} 为内部空气平均温度。

单元 i 内表面与内部气体的对流换热 $Q_{\text{cin},i}$ 为

$$Q_{\text{cin},i} = \delta_{\text{He}} Q_{\text{cin\_He},i} + (1 - \delta_{\text{He}}) Q_{\text{cin\_air},i} \tag{2.94}$$

若单元 i 内表面与氦气接触，则 $\delta_{\text{He}} = 1$，与空气接触，则 $\delta_{\text{He}} = 0$。

氦气囊与空气囊之间的传热 $Q_{\text{He,air}}$ 可用下式计算，即

$$Q_{\text{He,air}} = K A_{\text{He,air}}(T_{\text{air}} - T_{\text{He}}) \tag{2.95}$$

其中，$A_{\text{He,air}}$ 为主气囊与副气囊间隔膜的面积；K 为传热系数，且有

$$\frac{1}{K} = \frac{1}{h_{\text{He}}} + \frac{1}{h_{\text{air}}} + \frac{\delta}{\lambda} \tag{2.96}$$

式中，δ 为隔膜厚度；λ 为隔膜导热系数。

$$
\begin{aligned}
h_{\text{He}} &= \frac{Nu_{\text{He}} \lambda_{\text{He}}}{L_a} \\
h_{\text{air}} &= \frac{Nu_{\text{air}} \lambda_{\text{air}}}{L_a}
\end{aligned} \tag{2.97}
$$

其中，Nu_{He} 和 Nu_{air} 分别为氦气和空气自然对流努塞尔数；L_a 为囊体特征长度；λ_{He} 和 λ_{air} 分别为氦气和空气的导热系数。

各参数按式(2.98)和式(2.99)计算，即

$$
\begin{cases}
\lambda_{\text{He}} = 0.144 \left(\dfrac{T_{\text{He}}}{273.15} \right)^{0.7} \\
Nu_{\text{He}} = 0.13 (Gr_{\text{He}} \cdot Pr_{\text{He}})^{1/3} \\
Gr_{\text{He}} = \dfrac{\rho_{\text{He}}^2 g \left| T_{\text{air}} - T_{\text{He}} \right| L_a^3}{T_{\text{He}} \mu_{\text{He}}^2} \\
Pr_{\text{He}} = 0.729 - 1.6 \times 10^{-4} T_{\text{He}} \\
\mu_{\text{He}} = 1.895 \times 10^{-5} \left(\dfrac{T_{\text{He}}}{273.15} \right)^{0.647}
\end{cases} \tag{2.98}
$$

$$
\begin{cases}
\lambda_{\text{air}} = 0.0241 \left(\dfrac{T_{\text{air}}}{273.15} \right)^{0.9} \\[3mm]
Nu_{\text{air}} = 0.13(Gr_{\text{air}} \cdot Pr_{\text{air}})^{1/3} \\[3mm]
Gr_{\text{air}} = \dfrac{\rho_{\text{air}}^2 g \left| T_{\text{air}} - T_{\text{He}} \right| L_a^3}{T_{\text{air}} \mu_{\text{air}}^2} \\[3mm]
Pr_{\text{air}} = 0.804 - 3.25 \times 10^{-4} T_{\text{air}} \\[3mm]
\mu_{\text{air}} = \dfrac{1.458 \times 10^{-6} T_{\text{air}}^{1.5}}{T_{\text{air}} + 110.4}
\end{cases}
\tag{2.99}
$$

其中，Gr_{He} 和 Gr_{air} 分别表示氦气和空气的格拉斯霍夫数；Pr_{He} 和 Pr_{air} 分别表示氦气和空气的普朗特数；μ_{He} 和 μ_{air} 分别表示氦气和空气的动力黏度。

2.7.2　流线型囊体

流线型囊体不考虑太阳电池时的计算与正球形囊体方法相同。以太阳电池及其下蒙皮为研究对象时，太阳电池单元的热平衡方程为

$$
m_{ci} c_c \frac{\partial T_{ci}}{\partial \tau} = Q_{\text{sc1},i} + Q_{\text{sc2},i} + Q_{\text{sc3},i} - Q_{\text{osc},i} - Q_{\text{ogc},i} - Q_{\text{convc},i} - Q_{\text{cond},i} - Q_{P,i}
\tag{2.100}
$$

其中，m_{ci}、c_c 和 T_{ci} 分别为太阳电池单元的质量、比热和温度；$Q_{\text{sc1},i}$、$Q_{\text{sc2},i}$ 和 $Q_{\text{sc3},i}$ 为太阳辐照强度；$Q_{\text{osc},i}$ 和 $Q_{\text{ogc},i}$ 分别为单元与大气、地球的红外辐射；$Q_{\text{convc},i}$ 和 $Q_{\text{cond},i}$ 分别为单元的对流换热和导热传热；$Q_{P,i}$ 为太阳电池单元输出功率。

太阳电池下方蒙皮的热平衡方程为

$$
m_i c_f \frac{\partial T_i}{\partial \tau} = Q_{\text{cond},i} - Q_{\text{cin},i} - Q_{\text{rin},i}
\tag{2.101}
$$

其中，m_i、c_f 和 T_i 分别为电池下方蒙皮单元的质量、比热和温度；$Q_{\text{cond},i}$ 为单元与电池之间的导热传热；$Q_{\text{cin},i}$ 和 $Q_{\text{rin},i}$ 为单元的内部对流换热和内部红外辐射强度。

2.8　热力学计算方法

对平流层浮空器囊体蒙皮划分网格，将导出的网格单元的面积、法向向量等参数代入热力学程序，并采用四阶龙格库塔方法可以求解方程组。

热力学计算流程如图 2.5 所示。根据导入的网格单元几何参数，引入大气和太阳模型，经过初始化，采用龙格库塔方法可以计算得到囊体表面温度分布和内部气体温度。铺装太阳电池的部分单元及其下蒙皮单元采用统一的网格划分，通过判断该网格单元是否为太阳电池铺装范围来确定其是否为太阳电池单元，若是则按照太阳电池热模型计算太阳电池及其下方蒙皮单元的温度，否则按照不考虑

太阳电池部分的热模型计算蒙皮单元温度。

2.9　本 章 小 结

　　本章围绕平流层浮空器驻空条件的热力学环境特征，建立较为完善的三维热模型，建立浮空器囊体热平衡方程，提出驻空过程的热力学计算方法，为平流层浮空器驻空热特性的研究奠定了理论基础。

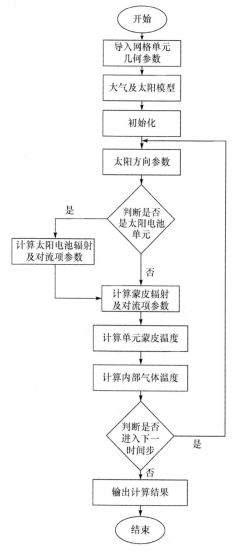

图 2.5　热力学计算流程

第 3 章　正球形囊体驻空热特性研究

本章首先建立平流层浮空器正球形囊体的三维热模型，开展昼夜驻空过程的热特性分析，计算一昼夜不同时刻囊体表面温度分布和内部浮升气体平均温度变化情况，然后得到囊体蒙皮太阳辐射吸收率、红外发射率、对流速度、驻空高度和季节等因素对平流层浮空器内部浮升气体平均温度的影响。

3.1　计　算　条　件

正球形囊体直径为 30m，体积为 14137m^3，表面积为 2827m^2。对囊体蒙皮进行网格划分，可以得到 878 个三角形单元。如图 3.1 所示，X 轴指北，Y 轴指天，Z 轴指东。正球形囊体计算参数如表 3.1 所示。

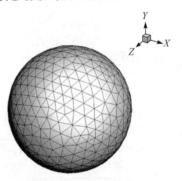

图 3.1　正球形囊体表面网格划分示意图

表 3.1　正球形囊体计算参数

参数	数值	参数	数值
直径	30m	浮升气体	氦气
囊体太阳辐射吸收率	0.3	囊体红外发射率	0.8
飞行日期	6 月 21 日	驻空高度	20000m
飞行经纬度	41°N，88°E	对流速度	10m/s

夏至日太阳辐射强度随时间的变化曲线如图 3.2 所示。

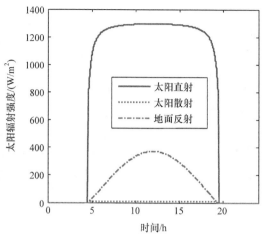

图 3.2　夏至日太阳辐射强度随时间的变化曲线

3.2　昼夜温度变化分析

设定飞行日期为 6 月 21 日，地点为北纬 41°，驻空高度 20km，外部对流速度为 10m/s，蒙皮的太阳辐射吸收率为 0.3，红外发射率为 0.8，计算正球形囊体昼夜驻空过程中蒙皮表面温度和内部浮升气体温度随时间变化情况。图 3.3 所示为正球形囊体内氦气平均温度、蒙皮温度、蒙皮瞬时最大温差曲线。图 3.4 所示为正球形囊体蒙皮温度分布云图。

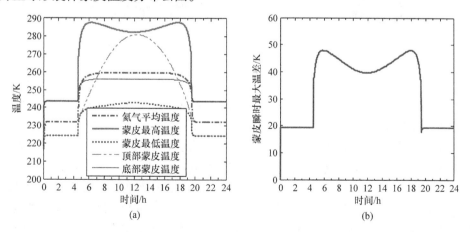

图 3.3　正球形囊体内氦气平均温度、蒙皮温度、蒙皮瞬时最大温差曲线

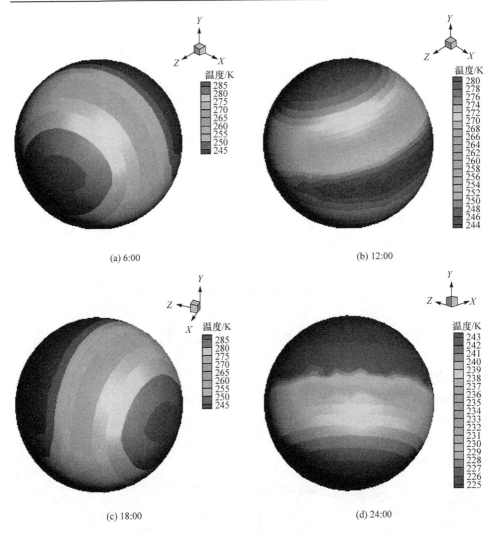

图 3.4　正球形囊体蒙皮温度分布云图

由图 3.3 可以看出，氦气的夜间温度为 232.2K，白天最高温度为 259.7K，昼夜温差为 27.5K，浮空器最大超热为 43.05K；夜间蒙皮的最低温度为 224.3K，蒙皮的瞬时最大温差为 19.17K；白天蒙皮的最高温度为 287.9K，蒙皮的瞬时最大温差为 47.72K；全天蒙皮及囊体内氦气的温度均高于大气温度，白天氦气平均温度大于底部蒙皮的温度，但与底部蒙皮温度靠近，相差 3.5K 左右。夜晚氦气的平均温度及顶部与底部蒙皮的温度均保持不变，对应的夜间平衡温度分别为 232.2K、224.3K、243.5K。这是因为夜晚外界环境温度及热辐射环境均保持不变。日出时，囊体的东侧表面首先接收到太阳辐射，太阳直射部分的温度急剧上升，而没有直接接收到太阳辐射的囊体表面温度上升则缓慢一些；中午 12:00 时刻，太阳直射囊体顶部，温度达到 280.9K，底部温度为 256.1K，氦气平均温度为 259.7K。

由图 3.4 可以看出，随着时间的变化，太阳直接照射部位从东侧向囊体顶部移动，然后向西侧移动，蒙皮的最高温度随之变化。结合蒙皮最高温度曲线可得，囊体蒙皮的最高温度出现在 6:00～18:00，最高温度的低谷出现在 12:00 时刻。总体来说，蒙皮温度是太阳直射、地面反射、地面红外辐射、外部对流换热的综合影响的结果。中午 12:00 时刻，蒙皮的最高温度处于囊体的顶部。该部位几乎接收不到太阳光的地面反射和地面的红外辐射，顶端的对流换热较其周围强，因此蒙皮最高温度较其他昼间时刻的最高温度低。

3.3　蒙皮热物性参数影响分析

3.3.1　太阳辐射吸收率影响

设蒙皮内外表面的红外发射率均保持 0.8 不变，太阳辐射吸收率在 0.1～0.4 范围变化，下面分析太阳辐射吸收率对正球形囊体热特性的影响。图 3.5 所示为蒙皮太阳辐射吸收率对囊体内氦气平均温度及蒙皮瞬时最大温差的影响曲线。

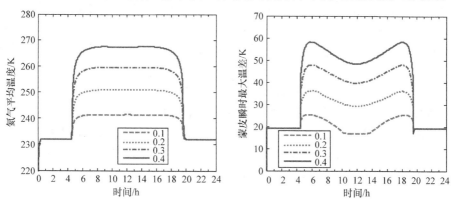

图 3.5　蒙皮太阳辐射吸收率对囊体内氦气及蒙皮瞬时最大温差的影响曲线

由此可知，降低蒙皮太阳辐射吸收率，蒙皮吸收的太阳能减少，氦气的温度降低，进而氦气的昼夜温差较小，囊体的最大超热减小，蒙皮的瞬时最大温差减小，蒙皮温度分布非均匀性减小。当太阳辐射吸收率从 0.4 减小到 0.1 时，氦气的最高温度从 267.6 K 降到 241.6K，蒙皮瞬时最大温差值从 58.32K 降到 25.44K，蒙皮的太阳辐射吸收率每减小 0.1，氦气的平均温度平均降低约 8.67K。可见，蒙皮太阳辐射吸收率对氦气平均温度和蒙皮瞬时最大温差的影响明显。

3.3.2　外表面红外发射率影响

设蒙皮太阳辐射吸收率保持 0.3 不变，内表面的红外发射率保持 0.8 不变，蒙皮外表面红外发射率在 0.6～0.9 之间变化。图 3.6 所示为蒙皮外表面红外发射率对囊体内氦气平均温度及蒙皮瞬时最大温差的影响曲线。

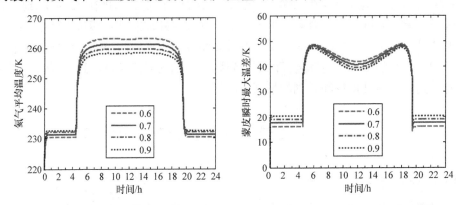

图 3.6　蒙皮外表面红外发射率对囊体内氦气及蒙皮瞬时最大温差的影响曲线

可以看出，增加蒙皮外表面红外发射率，夜晚氦气的平均温度升高、蒙皮温差增大，白天氦气的平均温度降低、蒙皮温差减小。夜晚的主要热环境是地面红外辐射，增加蒙皮红外发射率后，蒙皮吸收的地面红外辐射增多，直接导致下蒙皮温度升高，氦气平均温度升高，蒙皮温差增大。在白天，太阳辐射为主要热环境，太阳直射部位蒙皮温度最高，增大蒙皮外表面红外发射率，蒙皮向外红外辐射增加，蒙皮温度降低，导致氦气平均温度降低、蒙皮温差减小。当蒙皮外表面的红外发射率从 0.6 增大到 0.9 时，氦气平均温度在夜间从 230.6K 升至 232.7K，蒙皮瞬时最大温差增加 4.37K。在白天，氦气平均温度从 263K 降到 258.3K，蒙皮温差最大降低 3.35K。因此，增加蒙皮外表面红外发射率，可减小氦气昼夜温差，降低最大超热，但影响程度比蒙皮太阳辐射吸收率的影响小。

3.3.3　内表面红外发射率影响

设蒙皮太阳辐射吸收率保持 0.3 不变，外表面的红外发射率保持为 0.8 不变，蒙皮内表面红外发射率在 0.6～0.9 之间变化，下面分析蒙皮内表面红外发射率对正球形囊体热特性的影响。图 3.7 所示为蒙皮内表面红外发射率对囊体内氦气平均温度及蒙皮瞬时最大温差的影响曲线。

由此可知，增加蒙皮内表面红外发射率，蒙皮昼夜的瞬时温差均减小。这是因为内表面发射率增大，增加了蒙皮间的红外辐射换热，使蒙皮的温度分布非均匀性减小，即减小蒙皮瞬时温差。增大蒙皮内表面的发射率，氦气的平均温

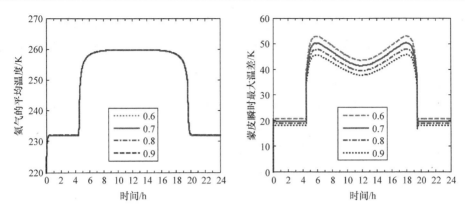

图 3.7　蒙皮内表面红外发射率对囊体内氦气平均温度及蒙皮瞬时最大温差的影响曲线

度升高，但变化不大。当内表面的发射率从 0.6 增至 0.9 时，氦气的最高平均温度从 259.6K 增至 259.7K；氦气夜晚平均温度从 232.1 增至 232.2K，均增加 0.1K。因此，增加蒙皮内表面发射率，可以降低蒙皮温差，但对囊体内氦气的平均温度几乎没有影响。

3.4　飞行工况影响分析

3.4.1　对流速度影响

设蒙皮的太阳辐射吸收率为 0.3，内外蒙皮红外发射率均为 0.8，浮空器对流速度为 0~25m/s，下面分析浮空器对流速度对正球形囊体热特性的影响。图 3.8 所示为对流速度对囊体内氦气平均温度和蒙皮瞬时最大温差的影响曲线。

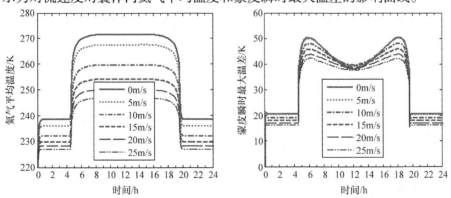

图 3.8　对流速度对囊体内氦气和蒙皮瞬时最大温差的影响曲线

由此可知，增大对流速度，浮空器蒙皮外部对流换热增强，浮空器蒙皮的温度降低，从而降低氦气平均温度，减小蒙皮温差。当对流速度为 0m/s、5m/s、10m/s、

15m/s、20m/s、25m/s 时，白天氦气的平均温度分别为 271.6K、267.5K、259.7K、254.2K、250K、246.8K，对流速度每增加 5m/s 导致氦气平均温度的降幅依次为 4.1K、7.8K、5.5K、4.2K、3.2K；夜晚氦气的平均温度分别为 238.5K、235.8K、232.2K、229.8K、228.2K、227K，对流速度每增加 5m/s 导致氦气平均温度的降幅依次为 3.3K、3.6K、2.4K、1.6K、1.2K。相比夜晚，白天对流速度对内部气体的影响更为显著，增大浮空器对流速度可降低囊体内氦气的昼夜温差。因此，增大浮空器对流速度，可降低囊体内氦气温度，降低超热。

3.4.2　驻空高度影响

设蒙皮的太阳辐射吸收率为 0.3，内外蒙皮红外发射率均为 0.8，浮空器对流速度为 10m/s，驻空高度为 18～22km，下面分析浮空器驻空高度对正球形囊体热特性的影响。图 3.9 所示为驻空高度对囊体内氦气平均温度及蒙皮瞬时最大温差的影响曲线。

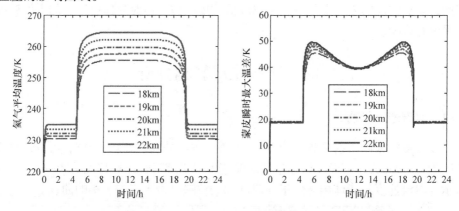

图 3.9　驻空高度对囊体内氦气平均温度及蒙皮瞬时最大温差的影响曲线

由此可知，随着驻空高度的增加，囊体内氦气的平均温度升高，但白天的增幅大于夜间的增幅，因此氦气的昼夜温差减小；驻空高度的增加使白天蒙皮的温差增大，对夜晚蒙皮的温差影响不大。驻空高度为 18km 时，氦气的最高平均温度为 255.6K，驻空高度为 22km 时氦气最高平均温度为 264.4K，升高 8.8K。在 18～22km，若不考虑氦气质量变化的影响，驻空高度每升高 1km，氦气温度最高升高 2.2K。

3.4.3　季节影响

设蒙皮的太阳辐射吸收率为 0.3，内外蒙皮红外发射率均为 0.8，浮空器对流速度为 10m/s，驻空高度为 20km，下面分析季节对正球形囊体热特性的影响。图 3.10 所示为季节对囊体内氦气平均温度及蒙皮瞬时最大温差的影响曲线。

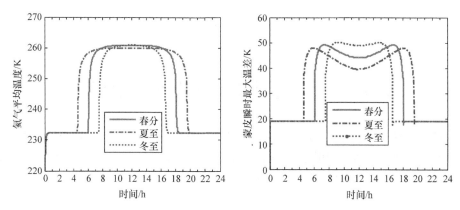

图 3.10　季节对囊体内氦气平均温度及蒙皮瞬时最大温差的影响曲线

由此可知，季节影响浮空器囊体内氦气和蒙皮温度，浮空器在春分日囊体内氦气的最高平均温度为 260.7K，夏至日为 259.7K，冬至日为 260.7K；蒙皮的最大温差在春分日为 49.33K，夏至日为 48K，冬至日为 50.14K。因此，仅考虑季节时间的变化，对正球形浮空器囊体内氦气的最高温度虽然有一定的影响，但是影响不大。

3.5　本 章 小 结

本章针对平流层浮空器正球形囊体，计算得到驻空过程中蒙皮温度和内部氦气平均温度的昼夜变化规律，并分析了蒙皮热物性参数和飞行工况对浮空器热特性的影响。

① 在昼夜驻空过程中，平流层浮空器蒙皮温度分布不均匀性较大，在给定条件下，囊体蒙皮同一时刻不同部位的最大温差达到 48K；平流层浮空器内部平均温度随昼夜变化较大，昼夜最大温差 27.5K，最大超热为 43.05K。

② 平流层浮空器蒙皮太阳辐射吸收率对内部氦气超热影响较大，其值在 0.1~0.4 之间，每降低 0.1，超热量减小约 8.67K；蒙皮外表面红外发射率对氦气超热有一定影响，随着发射率的增加，氦气夜间温度增加、昼间温度减小，当其值从 0.6 增到 0.9 时，氦气最高温度从 263K 降到 258.3K；蒙皮内表面红外发射率对超热影响较小，其值从 0.6 增至 0.9，氦气最高温度仅增加 0.1K。

③ 平流层浮空器对流速度对内部氦气超热影响较大，随着浮空器对流速度的增加，氦气超热量降低、蒙皮温差减小，从 0m/s 增至 10m/s，氦气的最高温度降低约 11.9K；在不考虑氦气质量变化的条件下，驻空高度越高，氦气超热越大，从 18km 升至 22km，氦气最高温度提高约 8.8K；不同季节对氦气最大超热影响不大。

第4章 流线型囊体驻空热特性研究

本章介绍平流层浮空器流线型囊体的驻空热特性研究。在流线型设计中，通常会在囊体表面铺设太阳电池，因此本章在讨论囊体蒙皮热物性参数及飞行工况对浮空器热特性影响的同时，还讨论太阳电池对浮空器热特性的影响。

4.1 计 算 条 件

流线型囊体采用美国高空飞艇几何外形，囊体长度为 152.4m，最大截面直径为 48.8m，长细比为 3.12，体积为 189950m³，表面积为 19093m²。流线型囊体母线示意图如图 4.1 所示。对囊体表面进行网格划分，共得到 3726 个三角形单元。如图 4.2 所示，X 轴指东，Y 轴指天，Z 轴指南，囊体朝向为东西方向。流线型囊体计算参数如表 4.1 所示。

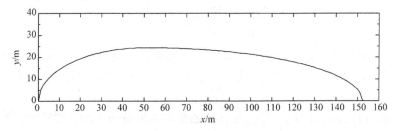

图 4.1　流线型囊体母线示意图

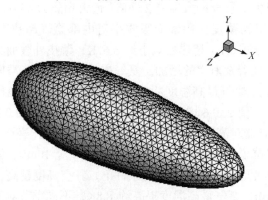

图 4.2　流线型囊体表面网格划分示意图

表 4.1　流线型囊体计算参数

参数	数值	参数	数值
囊体长度	152.4m	飞行日期	6 月 21 日
囊体最大截面直径	48.8m	驻空高度	20km
囊体体积	189950m³	飞行经纬度	41°N、88°E
囊体表面积	19093m²	浮升气体	氦气
浮升气体密度	0.0124 kg/m³	对流速度	10m/s
浮升气体比热容	5193.2 J/(kg·K)	太阳电池所占表面积比例	25%
蒙皮面密度	0.2 kg/m²	太阳电池面密度	0.3kg/m²
蒙皮比热容	2302.7 J/(kg·K)	太阳电池比热容	1500 J/(kg·K)
蒙皮太阳辐射吸收率	0.3	太阳电池太阳辐射吸收率	0.9
蒙皮红外发射率	0.8	太阳电池红外发射率	0.9
蒙皮红外吸收率	0.8	太阳电池红外吸收率	0.9

4.2　昼夜温度变化分析

　　设定飞行日期为 6 月 21 日，地点为北纬 41°，外部对流速度为 10m/s，蒙皮的太阳辐射吸收率为 0.3，红外发射率为 0.8，太阳电池的太阳辐射吸收率为 0.9、红外发射率为 0.9。计算流线型囊体在昼夜驻空过程中无太阳电池与铺装太阳电池两种情况下内部浮升气体温度随时间变化情况。图 4.3 所示为无太阳电池与铺装太阳电池两种情况下囊体内氦气平均温度的影响曲线。图 4.4 所示为流线型囊体蒙皮温度分布云图。

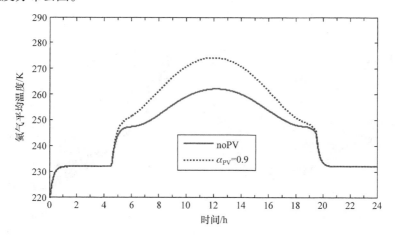

图 4.3　太阳电池铺装与否对囊体内氦气平均温度的影响曲线

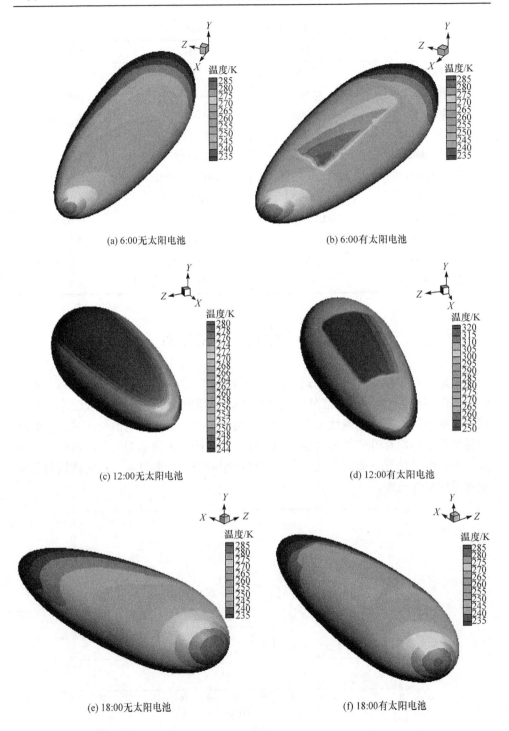

(a) 6:00无太阳电池

(b) 6:00有太阳电池

(c) 12:00无太阳电池

(d) 12:00有太阳电池

(e) 18:00无太阳电池

(f) 18:00有太阳电池

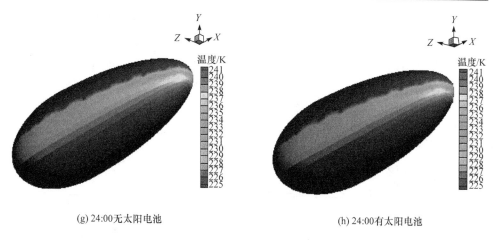

(g) 24:00无太阳电池　　　　　　　　　　　　　　(h) 24:00有太阳电池

图 4.4　流线型囊体蒙皮温度分布云图

可以看出，铺装太阳电池对夜晚囊体内氦气的平均温度几乎没有影响，夜晚氦气温度为 231.9K。受太阳辐射的影响，白天囊体内氦气的温度升高，无太阳电池时氦气的最高平均温度为 262.2K，铺太阳电池后氦气的最高平均温度为 274.3K。因此，太阳电池对平流层浮空器囊体内氦气的温度影响明显，当未对太阳电池采取有效隔热措施时，铺装太阳电池将加剧浮空器的超热。

4.3　太阳电池影响分析

4.3.1　太阳电池太阳辐射吸收率影响

设浮空器蒙皮的参数及飞行工况保持不变，太阳电池的太阳辐射吸收率在 0.6～0.9 之间变化，下面分析太阳电池太阳辐射吸收率对流线型囊体热特性的影响。

图 4.5 所示为太阳电池太阳辐射吸收率对囊体内氦气平均温度的影响曲线。无太阳电池时，氦气的最高平均温度为 262.2K。铺装太阳电池后，太阳电池的太阳辐射吸收率为 0.6、0.7、0.8、0.9 时，氦气平均温度的最高值分别为 267.1K、269.6K、271.9K、274.3K，均高于无太阳电池时囊体内氦气的平均温度。因此，考虑太阳电池隔热措施时，铺装太阳电池将加剧平流层浮空器的超热。

图 4.6 所示为太阳电池太阳辐射吸收率对囊体内氦气及太阳电池最高温度的影响曲线。在不考虑太阳电池隔热措施时，当太阳电池的太阳辐射吸收率从 0.6～0.9 变化时，囊体内氦气的最高温度及太阳电池的最高温度几乎是线性上升的，氦气平均温度的最高值从 267.1K 增至 274.3K，太阳电池的最高温度从 300.8K 增至 324K。

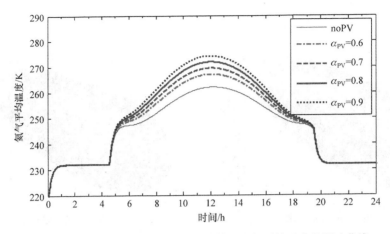

图 4.5　太阳电池太阳辐射吸收率对囊体内氦气平均温度的影响曲线

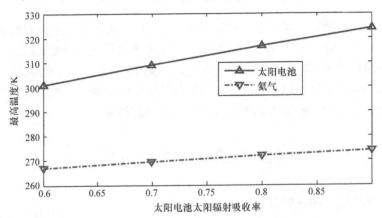

图 4.6　太阳电池太阳辐射吸收率对囊体内氦气及太阳电池最高温度的影响曲线

图 4.7 所示为太阳电池太阳辐射吸收率对太阳电池发电功率的影响曲线。随着太阳辐射吸收率的增加，太阳电池阵列的发电功率也随之增大。当太阳电池的太阳辐射吸收率从 0.6～0.9 变化时，太阳电池阵列的最高发电功率从 343.6kW 增至 504.1kW。

综上，不考虑隔热措施时，铺装太阳电池后，囊体内氦气平均温度升高；随着太阳电池的太阳辐射吸收率增加，氦气平均温度和太阳电池温度均升高，太阳电池阵列发电功率增大。

4.3.2　隔热热阻影响

设浮空器蒙皮的参数及飞行工况保持不变,太阳电池的太阳辐射吸收率为 0.9，隔热热阻在 0.1～1$m^2 \cdot K/W$ 之间变化,下面分析太阳电池隔热热阻对流线型囊体热特性的影响。

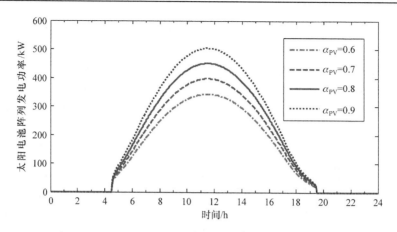

图 4.7　太阳电池太阳辐射吸收率对太阳电池发电功率的影响曲线

图 4.8 所示为太阳电池热阻(含隔热结构)对囊体内氦气平均温度的影响曲线。增加太阳电池隔热结构后，氦气夜间的平均温度增加，这是因为夜晚蒙皮的温度均高于大气温度。这表明夜晚蒙皮吸收大气红外辐射小于蒙皮向大气的红外辐射，而夜晚浮空器的主要冷源为蒙皮对大气的红外辐射。铺装太阳电池后，蒙皮辐射出去的能量减少，温度升高，辐射到其他蒙皮的能量增加，导致其他蒙皮吸收的能量增加，温度升高，进而氦气温度升高。在白天，相比没有隔热结构时，增加隔热结构后氦气的平均温度降低，且太阳电池热阻越大,氦气平均温度越低。

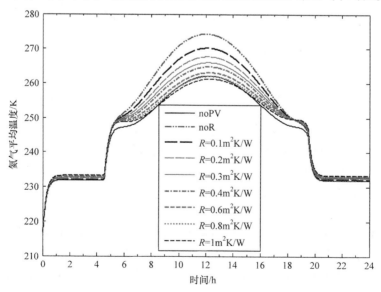

图 4.8　太阳电池热阻(含隔热结构)对囊体内氦气平均温度的影响曲线

　　图 4.9 所示为太阳电池热阻对氦气平均温度的最大值的影响曲线。太阳电池热阻从 0.0001～1m² · K/W 时，囊体内氦气平均温度从 274.3K 降到 261.2K。与不考虑太阳电池相比，当太阳电池的热阻为 0.0001m² · K/W 时，铺装的太阳电池加剧了浮空器的超热，最大超热量增加 8.1K；当太阳电池的热阻为 1m² · K/W 时，铺装太阳电池可减缓浮空器超热，最大超热量降低 1K。因此，随着太阳电池热阻的增加，氦气的最高温度降低，热阻越大降低的幅度越大。需要注意，与不铺装太阳电池时相比，当铺装太阳电池的热阻小于 0.7m² · K/W 时，氦气平均温度的最大值大于不铺装太阳电池时氦气平均温度的最大值，此时太阳电池(含隔热结构)加剧了浮空器的最大超热；当热阻大于 0.8m² · K/W 时，氦气平均温度的最大值小于不铺装太阳电池时氦气平均温度的最大值，此时太阳电池(含隔热结构)可以减缓浮空器的超热，但是增大热阻会增加隔热结构质量。

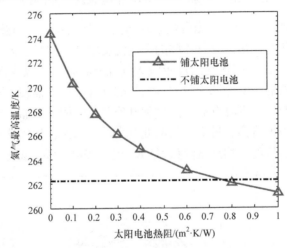

图 4.9　太阳电池热阻对氦气平均温度的最大值的影响曲线

　　图 4.10 所示为太阳电池热阻对太阳电池温度的最大值的影响曲线。当太阳电池热阻从 0.0001～1m² · K/W 时，太阳电池的最高温度从 324K 增至 352K。随着太阳电池热阻的增加，太阳电池的最高温度是升高的，这是因为随着热阻的增加，太阳电池传导到蒙皮的热量减少，用于增加太阳电池本身温度的热量增多。

　　图 4.11 所示为不同太阳电池热阻的隔热效果曲线。此处的隔热效果为太阳电池与电池下方蒙皮温差值最大值。随着太阳电池热阻的增加，太阳电池的隔热效果不断升高，且热阻值越大，升高的程度越小。当热阻值为 1m² · K/W 时，其隔热结构的隔热效果为 75.91K。

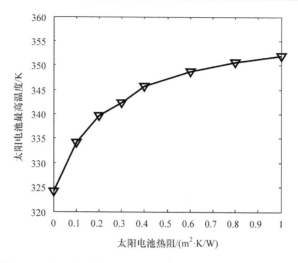

图 4.10　太阳电池热阻对太阳电池温度的最大值的影响曲线

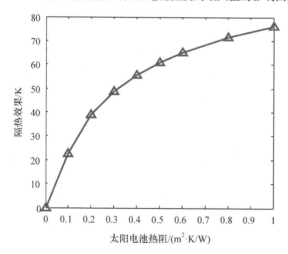

图 4.11　不同太阳电池热阻的隔热效果曲线

图 4.12 所示为太阳电池热阻对太阳电池阵列的发电功率的影响曲线。随着热阻值的增大，太阳电池阵列的发电功率减小。当太阳电池热阻趋于 0 或不考虑太阳电池隔热结构时，太阳电池阵列发电功率的最大值为 504.1kW；当热阻值为 0.1m² · K/W 时，其值为 499.8kW；当热阻值为 1m² · K/W 时，其值为 491.9kW。

综上，添加太阳电池隔热结构后，囊体内白天氦气平均温度降低，太阳电池温度升高；随着太阳电池(含隔热结构)热阻的增大，隔热结构的隔热效果增加，太阳电池温度升高，氦气最高温度降低，太阳电池阵列的发电功率有所降低。

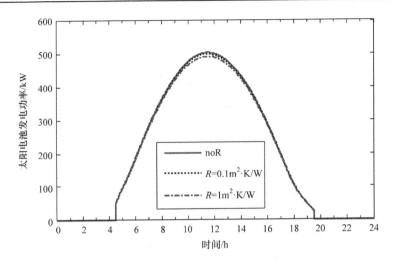

图 4.12　不同太阳电池热阻对太阳电池发电功率的影响曲线

4.3.3　电池铺装面积影响

　　针对采用不同隔热热阻太阳电池的浮空器囊体，分析太阳电池铺装面积对浮空器热特性的影响，分别取热阻为 $0.0001m^2 \cdot K/W$ 和 $1m^2 \cdot K/W$。浮空器蒙皮的参数及飞行工况保持不变，太阳电池的太阳辐射吸收率为 0.9，太阳电池的铺装面积在原来的面积 S_0 的基础上减少 1/3 和增加 1/3。图 4.13 所示为太阳电池热阻为 $0.0001m^2 \cdot K/W$ 时，太阳电池铺装面积对囊体内氦气平均温度的影响曲线。图 4.14 所示为太阳电池热阻为 $1m^2 \cdot K/W$ 时，太阳电池铺装面积对囊体内氦气平均温度的影响曲线。

　　由图 4.13 可知，当太阳电池热阻为 $0.0001m^2 \cdot K/W$ 时，增加太阳电池的铺装面积，白天氦气平均温度升高。这是因为太阳电池热阻为 $0.0001m^2 \cdot K/W$ 时，太阳电池会加剧浮空器的超热，太阳电池的铺装面积增大，太阳电池的影响范围增大。随着太阳电池铺装面积的增大，太阳电池加剧超热的程度增加，氦气的平均温度升高。

　　由图 4.14 可知，当太阳电池热阻为 $1m^2 \cdot K/W$ 时，增加太阳电池的铺装面积，白天氦气最高平均温度是降低的，但影响非常小。这是因为太阳电池热阻为 $1m^2 \cdot K/W$ 时，太阳电池减缓浮空器的超热，随着太阳电池的铺装面积增大，太阳电池的影响范围增大，太阳电池减缓浮空器超热的程度增加，氦气的平均温度降低。当太阳电池面积为 S_0 时，仅使氦气的最高平均温度降低约 1K，增加太阳电池的铺装面积，几乎对氦气的温度没有影响。因此，当太阳电池热阻超过一定范围，增加或减少太阳电池面积对浮空器热特性无显著影响。当太阳电池热阻较小时，与不铺装太阳电池相比，太阳电池明显加剧浮空器超热，且太阳电池铺装面积越大，囊体内氦气温度越高。

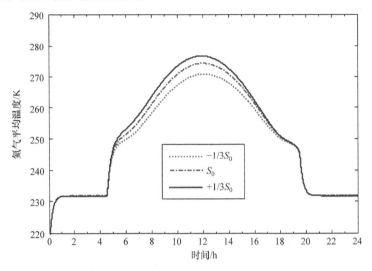

图 4.13　太阳电池铺装面积对囊体内氦气平均温度的影响曲线(热阻为 $0.0001\text{m}^2 \cdot \text{K/W}$)

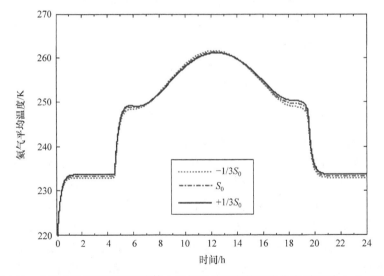

图 4.14　太阳电池铺装面积对囊体内氦气平均温度的影响曲线(热阻为 $1\text{m}^2 \cdot \text{K/W}$)

4.4　蒙皮热物性参数影响分析

4.4.1　太阳辐射吸收率影响

设蒙皮内外表面的红外发射率均保持 0.8 不变，太阳辐射吸收率在 0.1～0.4

之间变化，下面分析蒙皮太阳辐射吸收率对流线型囊体热特性的影响，其中囊体轴向沿南北方向。图 4.15 所示为蒙皮太阳辐射吸收率对囊体内氦气平均温度及蒙皮瞬时最大温差的影响曲线。

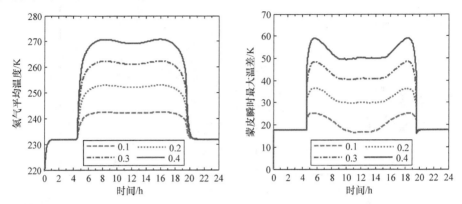

图 4.15　蒙皮太阳辐射吸收率对囊体内氦气平均温度及蒙皮瞬时最大温差的影响曲线

由此可知，降低蒙皮太阳辐射吸收率，蒙皮吸收的太阳辐射减少，氦气的温度降低，进而氦气的昼夜温差减小，浮空器的最大超热减小，蒙皮的瞬时最大温差减小，蒙皮的分布非均匀性减小；当太阳辐射吸收率从 0.4 减小到 0.1 时，氦气的最高温度从 270.8K 降到 242.5K，蒙皮瞬时最大温差最大值从 59.14K 降到 25.37K；蒙皮的太阳辐射吸收率每减小 0.1，氦气的平均温度平均降低约 9.4K，蒙皮瞬时最大温差平均降低约 11.26K。

4.4.2　外表面红外发射率影响

设蒙皮太阳辐射吸收率保持 0.3 不变，内表面的红外发射率保持 0.8 不变，蒙皮外表面红外发射率在 0.6～0.9 之间变化，下面分析蒙皮外表面红外发射率对流线型囊体热特性的影响，其中囊体轴向沿南北方向。图 4.16 所示为蒙皮外表面红外发射率对囊体内氦气平均温度及蒙皮瞬时最大温差的影响曲线。

由此可知，当蒙皮外表面的发射率从 0.6 增大到 0.9 时，氦气平均温度在夜间从 230.3K 升到 232.6K，蒙皮最大温差升高 4.37K；氦气平均温度在白天从 263K 降到 258.3K，蒙皮最大温差降低 3.35K。增加外表面红外发射率，可以降低氦气昼夜温差，减小最大超热。

4.4.3　内表面红外发射率影响

设蒙皮太阳辐射吸收率保持 0.3 不变，外表面的红外发射率保持 0.8 不变，蒙皮内表面红外发射率在 0.6～0.9 之间变化，下面分析蒙皮内表面红外发射率对流线型囊体热特性的影响，其中囊体轴向沿南北方向。图 4.17 所示为蒙皮内表面红外发射率对囊体内氦气平均温度及蒙皮瞬时最大温差的影响曲线。

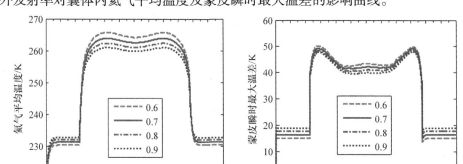

图 4.16　蒙皮外表面发射率对囊体内氦气平均温度及蒙皮瞬时最大温差的影响曲线

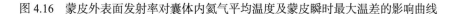

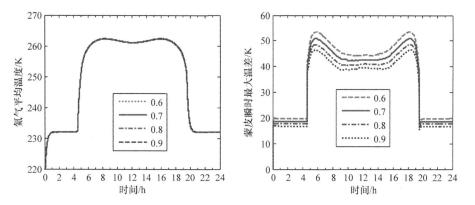

图 4.17　蒙皮内表面红外发射率对囊体内氦气平均温度及蒙皮瞬时最大温差的影响曲线

由此可知，增大蒙皮内表面的红外发射率将减小蒙皮温差，蒙皮的温度分布非均匀性减小。当内表面的红外发射率从 0.6 增加至 0.9 时，氦气的白天最高平均温度从 259.6K 降到 259.7K；氦气的夜晚最高平均温度从 232.1K 增到 232.2K。增加内表面红外发射率，可以降低蒙皮温差，但对氦气温度几乎没有影响。

综上，蒙皮太阳辐射吸收率的变化对夜晚浮空器蒙皮及囊体内气体无显著影响，在白天降低太阳辐射吸收率时，囊体内氦气平均温度降低，蒙皮的最大瞬时温差降低；内外蒙皮的红外发射率对浮空器昼夜温度均有影响，升高蒙皮外表面发射率，囊体内氦气和蒙皮瞬时最大温差夜晚温度升高、白天温度降低；升高蒙皮内表面发射率，囊体内氦气温度昼夜期间均增大，但增幅较小，蒙皮瞬时最大温差昼夜均减小。总而言之，蒙皮的太阳辐射吸收率对囊体内氦气温度及蒙皮温差的影响程度远大于蒙皮红外发射率产生的影响。

4.5 飞行工况影响分析

4.5.1 对流速度影响

设蒙皮的太阳辐射吸收率为 0.3，蒙皮内外表面红外发射率均为 0.8，浮空器外部对流速度为 0~25m/s，下面分析对流速度对流线型囊体热特性的影响，其中囊体轴向沿南北方向。图 4.18 所示为对流速度对囊体内氦气平均温度及蒙皮瞬时最大温差的影响曲线。

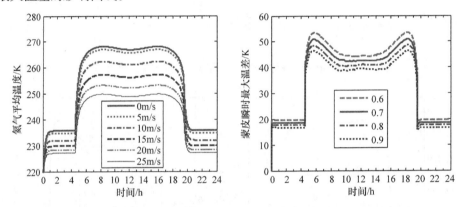

图 4.18 对流速度对囊体内氦气平均温度及蒙皮瞬时最大温差的影响曲线

由此可知，白天对流速度对浮空器热特性的影响比夜间更为显著。对流速度越大，浮空器与大气对流换热越强，氦气的平均温度越低，蒙皮的瞬时最大温差也越小。

4.5.2 季节影响

设蒙皮的太阳辐射吸收率为 0.3，蒙皮内外表面红外发射率均为 0.8，浮空器对流速度为 10m/s，驻空高度为 20km，计算条件只是时间发生变化，下面分析季节对流线型囊体热特性的影响，其中囊体轴向沿南北方向。图 4.19 所示为季节对囊体内氦气平均温度及蒙皮瞬时最大温差的影响曲线。

由此可知，季节不影响浮空器夜晚的氦气平均温度，浮空器在白天，春分日囊体内氦气的最高平均温度为 261.5K，夏至日为 262.3K，冬至日为 255.6K；蒙皮的最大温差在春分日为 51.43K，夏至日为 48.64K，冬至日为 57.58K。相比而言，夏至日氦气的平均温度最高，蒙皮的最大温差最小，蒙皮温度分布非均匀性相对较小。

4.5.3 浮空器朝向影响

设蒙皮的太阳辐射吸收率为 0.3，蒙皮内外表面红外发射率均为 0.8，浮空器

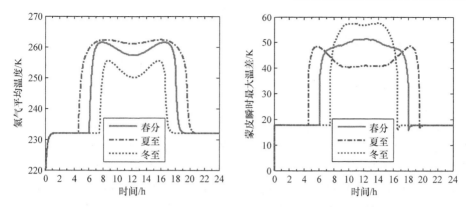

图 4.19　季节对囊体内氦气平均温度及蒙皮瞬时最大温差的影响曲线

对流速度为 10m/s，驻空高度为 20km，改变浮空器朝向，下面分析浮空器朝向对流线型囊体热特性的影响。图 4.20 所示为浮空器朝向对囊体内氦气平均温度及蒙皮瞬时最大温差的影响曲线。

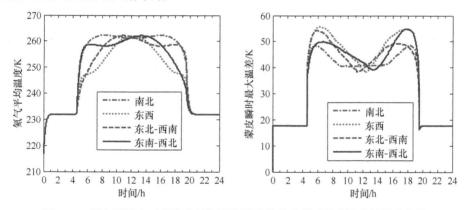

图 4.20　浮空器朝向对囊体内氦气平均温度及蒙皮瞬时最大温差的影响曲线

由此可知，当飞艇轴向为东西方向时，白天氦气的平均温度在大部分时间低于其他朝向的温度，蒙皮瞬时最大温差在大部分时间高于其他朝向的蒙皮温差，蒙皮温度分布不均匀性较其他朝向大；南北朝向的氦气平均温度是大部分时间高于其他朝向的温度，蒙皮间瞬时最大温差大部分时间低于其他朝向的蒙皮温差，蒙皮温度分布不均匀性较其他朝向小。这是因为改变朝向就改变了太阳辐射在蒙皮上的直射点，进而改变受太阳直射的面积和吸收的太阳辐射能量。

4.6　本　章　小　结

本章针对平流层浮空器流线型囊体，计算得到太阳电池对浮空器热特性的影响，并分析太阳电池的太阳辐射吸收率、隔热热阻、铺装面积，以及蒙皮热物性参数、飞行工况对浮空器热特性的影响。

① 在昼夜驻空过程中，太阳电池对平流层浮空器热特性影响较大。在给定计算条件下，流线型囊体蒙皮最高温度约为 320K，与不铺装太阳电池相比提高约 40K；内部氦气最大超热量为 57.7K，与不铺装太阳电池相比增大约 12.1K。

② 太阳电池的太阳辐射吸收率和隔热热阻对平流层浮空器热特性影响较大。随着太阳辐射吸收率的降低，白天的氦气平均温度降低。在给定的条件下，当其值从 0.9 减小至 0.6 时，内部氦气的最大超热量降低约 7.2K。当隔热热阻较小时，太阳电池加剧浮空器超热，热阻为 $0.1m^2 \cdot K/W$ 时，氦气最高温度为 270.2K，与不铺装太阳电池相比，最高温度升高约 8K；当隔热热阻较大时，太阳电池对超热影响较小，热阻为 $1m^2 \cdot K/W$ 时，氦气最高温度为 261.2K，与不铺装太阳电池相比，最高温度降低 1K。太阳电池铺装面积对浮空器超热有一定影响。热阻较小时，太阳电池铺装面积越大，氦气温度越高，超热越严重；热阻较大时，太阳电池的铺装面积对囊体内氦气的温度无显著影响。

③ 蒙皮的太阳辐射吸收率和对流速度对流线型囊体热特性的影响较大。蒙皮的红外发射率和季节对浮空器的热特性影响较小。当蒙皮的太阳辐射吸收率从 0.4 减小至 0.1 时，氦气最大超热量降低约 28.3K；当对流速度从 0m/s 增大至 25m/s 时，氦气最大超热量降低约 20K。浮空器朝向对平流层浮空器昼夜温度变化有一定的影响，在日出日落时刻南北朝向条件下的氦气温度变化较大，东西朝向条件下的蒙皮瞬时温差稍大，不同朝向的最大超热量基本相同。

第5章 平流层浮空器内部自然对流特性研究

平流层浮空器体积巨大，内部的浮升气体形成内部流场。内部自然对流特性对浮空器昼夜驻空过程中的气体温度和压力特性存在影响。以瞬态热特性计算为基础，我们开展平流层浮空器内部自然对流特性研究，计算分析浮空器在昼夜不同时刻的内部气体温度、速度和压力分布规律，为后续外部对流换热分析奠定基础。

本章首先对平流层浮空器内部流场 CFD 计算模型及计算方法进行验证。然后，从稳态流场数值计算入手，研究不同时刻，即不同太阳辐照条件对平流层浮空器内部自然对流的影响，分析内部气体温度、流速和压力的分布及变化规律。最后，进行非稳态流场仿真计算，将均匀导热传热和内部自然对流计算结果进行对比，深入研究浮空器内部自然对流对内部热平衡时间的影响，以及对内部气体平均温度和温度分布的影响，为下一步的外部流场计算提供依据。

5.1 内部自然对流计算方法

5.1.1 边界条件

利用热特性分析计算得到的囊体表面温度值，作为浮空器内部流场边界每个网格点的温度，采用商业软件 Fluent，通过自编 UDF 进行加载，完成整个壁面热边界条件的设置。热边界条件采用温度边界条件，如图 5.1 所示。

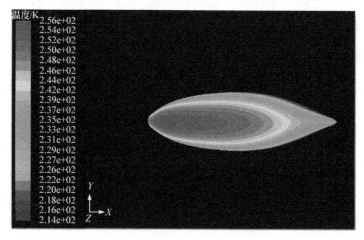

图 5.1 温度边界条件示意图

5.1.2 数值方法

1. 流态确定

在纯粹自然对流中，浮力导致的流动强度可根据瑞利数 Ra 判定，即

$$Ra = \frac{g\beta\Delta T L^3 \rho}{\mu\alpha} \tag{5.1}$$

其中，g 为重力加速度；β 为热膨胀系数；ΔT 为温差；L 为特征长度；ρ 为流体密度；μ 为动力黏度；α 为热扩散率(导温系数)。

$$\beta = -\frac{1}{\rho}\left(\frac{\partial\rho}{\partial T}\right)_p \tag{5.2}$$

$$\alpha = \frac{k}{\rho c_p} \tag{5.3}$$

其中，k 为热阻；c_p 为比热容。

若瑞利数小于 10^8，浮力驱动的对流为层流。层流向湍流转捩的瑞利数为 $10^8 < Ra < 10^{10}$。根据本节设计参数计算，瑞利数大于 10^{10}。据此判断，流动为充分发展的湍流，计算过程采用 k-ω 剪切应力传输湍流模型。

对于多数自然对流问题，密度项使用 Boussinesq 模型，与随温度变化而变化的模型相比可以获得更快的收敛速度，但其使用有限制条件，即流体温度的变化较小(不超过 20K)。对平流层浮空器而言，内部流体的温差异最高可达 50K，与以往研究的小温差问题不同，因此 Boussinesq 模型已不再适用。我们认为密度与温度，以及压力之间存在的关系基本符合理想气体状态方程，所以密度项使用 Ideal-gas 模型。

2. 求解方法

求解高瑞利数流动($Ra > 10^8$)问题时，为获得最好的结果，使用稳态计算模型，可按照如下方式进行。

① 计算低瑞利数流动，使用一阶差分格式，获得收敛解。
② 更改有效瑞利数，变回对应于实际情况的计算条件。
③ 把之前求解结果作为高瑞利数流动的初值，并使用一阶差分格式。
④ 用一阶格式获得收敛解之后，使用高阶格式继续进行计算，其中动量、能量、压力及密度项均采用二阶迎风格式。

5.2　模　型　验　证

5.2.1　计算参数

德国学者 Henze 等[48]研究了大型圆柱形浮空器囊体内部的自然对流，虽然不是双椭球体，但包括较全面的仿真分析和试验验证，因此有一定的参考价值，可用作验证算例检验基本模型的正确性和数值方法的可靠性。

模型的边界条件如图 5.2 所示。在此试验条件下，将冷热不同的半边热源作为边界条件，通过旋转的方式改变角度，实现和重力方向成不同角度，以达到不同状态的目的。本节数值仿真也采取相同的设置，即一半边界设置为恒定的高温区域，另一半边界设置为恒定的低温区域。

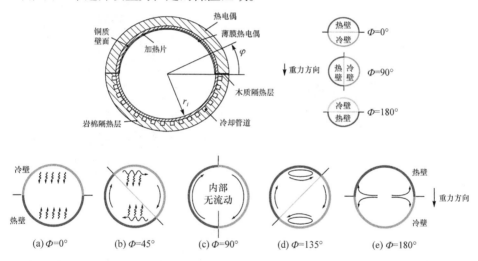

图 5.2　模型的边界条件

5.2.2　验证结果

在验证算例中，开展不同边界条件下(主要是高低温的方向与重力方向的夹角不同)的仿真计算。计算的各种条件包括模型尺寸、边界条件设置等，均保持一致，分别对高温壁面和低温壁面相对于重力成不同角度的各种情况进行数值仿真。

对于 180°的情况(上半面为高温，下半面为低温)，计算结果与文献[48]研究结果的对比如图 5.3 所示。

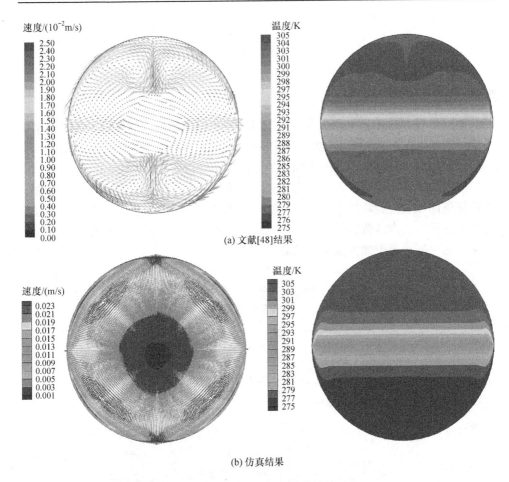

(a) 文献[48]结果

(b) 仿真结果

图 5.3 180°边界条件下的计算结果对比

① 两者速度分布基本相似。从整体上看，流场结构及速度的量级均类似。中间部分的气体缓慢地流到左边和右边壁面，同时壁面上半部分气体沿着高温壁面上升，下半部分气体沿着低温壁面下降。此外，中间的四个位置形成了较为缓慢的四个主要的旋涡。速度较高的地方出现在沿壁面周向。其他角度的情况与此种上高下低的温度边界条件导致的自然对流相比更加微弱，内部氦气的换热也更加缓慢。

② 两者温度分布情况基本相似，在达到稳态时，上半部分大部分集中了高温气体，而低温气体沉在下半部分，同时中部的气体在向上和向下的一小段距离内分别出现向高温和低温过渡的分层现象。这主要是由于边界条件在最中间的部分处于冷热的突变位置，因此计算结果是符合实际状态的。对比分析可以在一定程度上验证物理模型的正确性和数值方法的有效性。

5.3　内部自然对流计算条件

5.3.1　正球形囊体计算条件

正球形囊体几何外形和其他参数与第 3 章一致。正球形囊体内部网格划分如图 5.4 所示。由于靠近球体壁面的传热及流动受表面边界层的影响，流动状况较为复杂，可以适当增加靠近壁面的网格密度。

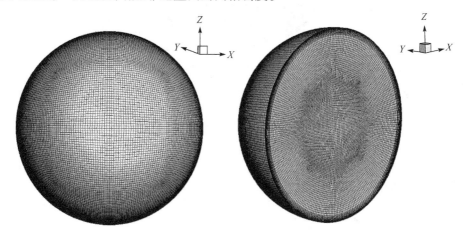

图 5.4　正球形囊体内部网格划分

由第 3 章研究可知，浮空器表面的温度分布主要受太阳辐射的影响，在太阳直射的区域，蒙皮温度较高，而太阳无法直射的区域温度相对较低。在计算中，固定温度边界的分布形式，只改变其方向，研究不同的直射角度对内部自然对流的影响。定义太阳射线方向与水平面之间的夹角为太阳直射角。温度边界条件如图 5.5 所示。

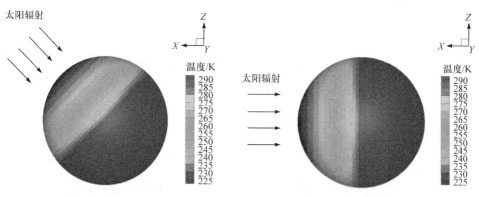

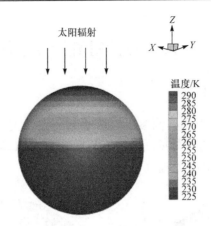

图 5.5　正球形囊体温度边界条件

5.3.2　流线型囊体计算条件

　　流线型囊体几何外形和其他参数与第 4 章一致。流线型囊体内部网格划分如图 5.6 所示。设定平流层浮空器驻留在北纬 40°、高度 20km 处，对 2013 年 7 月 5日 4:00～12:00 的内部自然对流情况进行仿真计算。这里以第 4 章计算得到的蒙皮表面温度值作为计算的边界条件。

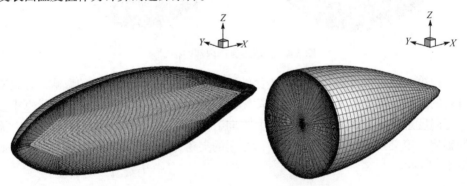

图 5.6　流线型囊体内部网格划分

5.4　内部自然对流稳态分析

5.4.1　内部气体温度分布

　　1. 正球形囊体计算结果及分析

　　(1) 斜上方直射

针对不同直射角度，选择斜上方直射(45°)作为一般情况进行分析。对于在临近空间环境驻留的平流层浮空器而言，受热最为严重的情况一般出现在白天，受太阳直射的影响，偏向一侧的局部高温是最普遍的情形。

在斜上方直射条件下，正球形囊体内部气体不同截面位置的温度分布如图 5.7 和图 5.8 所示，计算得到的内部平均温度为 239.7K。

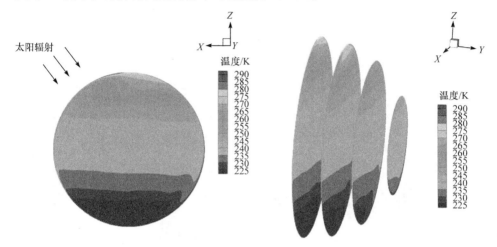

图 5.7　内部气体垂直于 Y 轴的切面温度分布(斜上方直射)

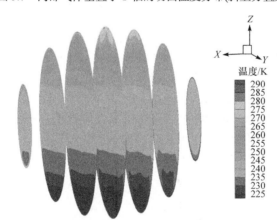

图 5.8　内部气体垂直于 X 轴的切面温度分布(斜上方直射)

由内部气体垂直于 Y 轴和 X 轴的切面温度分布可见，浮空器内部气体的温度分层分布。由于浮力作用，高温气体主要分布在上部，低温气体分布在下部。在非常靠近壁面的地方，气体温度接近于囊体壁面温度。

(2) 正侧方直射

平流层浮空器工作高度一般不低于 20km，太阳透射率较高。在早晨或傍晚时刻，浮空器仍处于较苛刻的热环境中，此时正侧面受热较为严重。

　　在正侧方直射(0°)条件下，正球形囊体内部气体垂直于 Y 轴的切面温度分布如图 5.9 所示。由此可知，浮空器内部气体温度分布存在较明显的分层，高温气体处于浮空器上部，低温气体处于下部。计算得到的内部气体平均温度为 240.4K，略高于斜上方直射情况。这是因为在内部自然对流的作用下，虽然壁面温度分布形式相同，但是直射角度不同，导致内部平均温度不同。

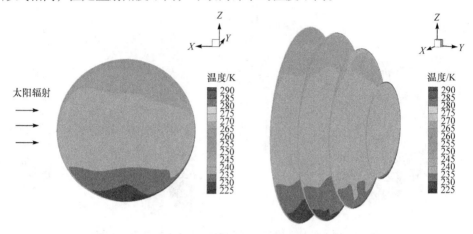

图 5.9　内部气体垂直于 Y 轴的切面温度分布(侧方直射)

(3) 正上方直射

　　在正上方直射(90°)条件下，正球形囊体内部气体垂直于 Y 轴的切面温度分布如图 5.10 所示。由此可知，浮空器内部气体温度分布规律与斜上方和正侧方情况一致，呈高温气体在上、低温气体在下的分层状态。计算得到的内部气体平均温度为 238.9K，略低于侧面和斜上方直射的平均温度值。在正侧方直射情况下，自然对流作用较强；正上方照射时，自然对流影响较弱。

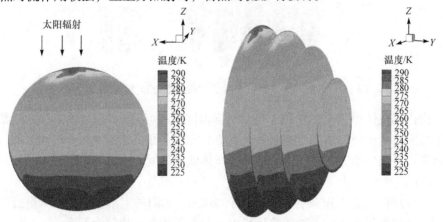

图 5.10　内部气体垂直于 Y 轴的切面温度分布(正上方直射)

2. 流线型囊体计算结果及分析

图 5.11 所示为 4:00~12:00 不同时刻条件下，流线型囊体内部气体温度分布。

217 217.5 218 218.5 219 219.5 220 220.5 221 221.5 222 222.5 223 223.5 224 224.5　温度/K

(a) 4:00时刻

218 220 222 224 226 228 230 232 234 236 238 240 242 244 246 248 250 252　温度/K

(b) 8:00时刻

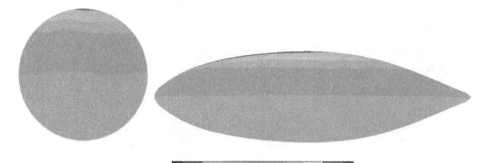

215　220　225　230　235　240　245　250　255　温度/K

(c) 12:00时刻

图 5.11　流线型囊体内部气体温度分布

受蒙皮表面温度的影响，囊体内部气体温度分布随时间变化而变化。4:00 时刻没有太阳辐射，地面红外辐射明显，靠近壁面处的气体温度与壁面温度相差较小，囊体底部壁面附近的气体温度较高，在自然对流的作用下，内部气体温度分布出现一定程度的分层，高温气体在囊体内部上方，低温气体处于下方，但温差较小。8:00 时刻受太阳辐射和红外辐射影响，靠近囊体东北侧表面的浮升气体温度高，靠近西北侧表面的气体温度较低，内部气体温度沿高度方向分层分布，高温和低温部分分别位于上方和下方。12:00 时刻太阳直射囊体顶部，靠近囊体顶部表面的气体温度最高，底部温度最低，内部气体温度沿高度方向分层明显，上下温差最大。

综上，囊体壁面处的浮升气体温度与壁面温度接近，在内部自然对流的作用下，内部气体温度总体沿高度方向分层分布，靠近上方的气体温度较高，靠近下方的气体温度较低。

5.4.2　内部气体流速分布

1. 正球形囊体计算结果及分析

(1) 斜上方直射

图 5.12 所示为斜上方直射(45°)条件下内部流速分布图。囊体内部流场大部分区域速度均小于 0.2m/s，整体流速相对较低。囊体壁面附近流速相对较大，自然对流较为强烈，太阳直射区域的壁面附近流速最大，可达 1.9m/s。

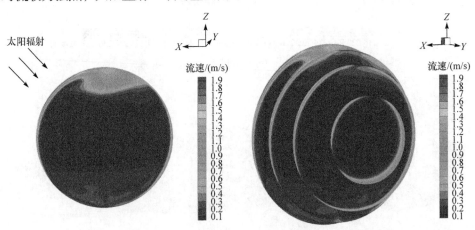

图 5.12　内部流速分布(斜上方直射)

图 5.13 所示为斜上方直射条件下囊体内部流线图。X-Z 对称面附近存在两个较大的涡。靠近高温壁面区域的气体受热上升后，一部分气体向下运动形成靠近高温区域的漩涡，另一部分气体向低温区域运动，在低温区域形成另一个漩涡。

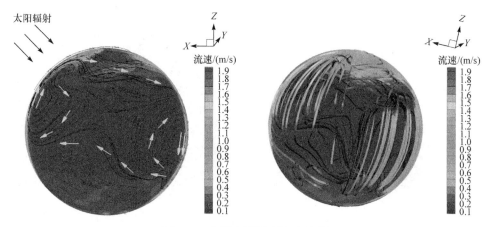

图 5.13　内部流线图(斜上方直射)

(2) 正侧方直射

图 5.14 所示为侧方直射(0°)条件下内部流速分布图。囊体顶部和太阳直射区域的壁面附近流速较大,自然对流作用明显,最大流速达到 2.4m/s。囊体上下部,以及壁面附近的自然对流也较为强烈,流速超过 0.8m/s。

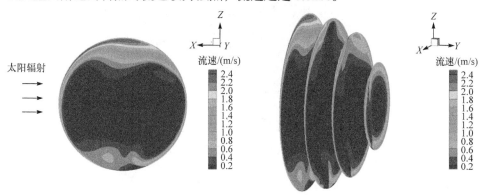

图 5.14　内部流速分布(正侧方直射)

图 5.15 所示为正侧方直射条件下囊体内部流线图。X-Z 对称面附近存在较明显的环流。受热壁面附近的气体上升至浮空器顶部,然后沿着囊体冷壁面下降流动,内部大部分气体处于微弱流动状态。

(3) 正上方直射

图 5.16 所示为正上方直射(90°)条件下内部流速分布图。与斜上方和正侧方直射相比,内部气体流动速度较小,自然对流作用最弱。靠近囊体壁面的最大流速约为 0.9m/s,内部大部分区域流动较为微弱,均低于 0.1m/s。

图 5.17 所示为正上方照射条件下囊体内部流线图。浮空器内部流动可分为两个部分,上下部各形成一个带状涡环流动。

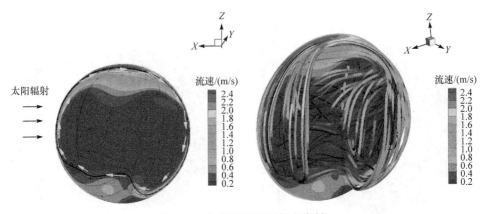

图 5.15　内部流线图(正侧方直射)

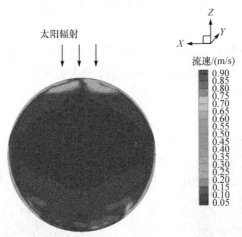

图 5.16　内部流速分布(正上方直射)

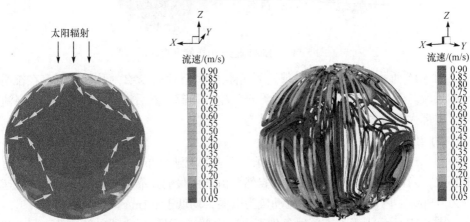

图 5.17　内部流线图(正上方直射)

2. 流线型囊体计算结果及分析

图 5.18 所示为 4:00～12:00 不同时刻条件下，流线型囊体内部气体沿纵轴(X轴)和横轴(Y轴)方向不同切面的流速分布图。

0.1 0.2 0.3 0.4 0.5 0.6 0.7 0.8 0.9 1.0 1.1 1.2 流速/(m/s)　　0.1 0.2 0.3 0.4 0.5 0.6 0.7 0.8 0.9 1.0 1.1 1.2 流速/(m/s)

(a) 4:00时刻计算结果

0.1 0.2 0.3 0.4 0.5 0.6 0.7 0.8 0.9 1.0 1.1 1.2 1.3 1.4 1.5 1.6 1.7 1.8 流速/(m/s) 0.1 0.2 0.3 0.4 0.5 0.6 0.7 0.8 0.9 1.0 1.1 1.2 1.3 1.4 1.5 1.6 1.7 1.8 流速/(m/s)

(b) 8:00时刻计算结果

0.1 0.2 0.3 0.4 0.5 0.6 0.7 0.8 0.9 1.0 1.1 1.2 1.3 流速/(m/s)　　0.1 0.2 0.3 0.4 0.5 0.6 0.7 0.8 0.9 1.0 1.1 1.2 1.3 流速/(m/s)

(c) 12:00时刻计算结果

图 5.18　不同时刻流线型囊体内部气体沿不同切面的流速分布

内部气体流速较大的区域集中在壁面附近，特别是囊体顶部和底部流动速度相对较大。4:00 时刻没有太阳辐射，受地面红外辐射作用，囊体底部壁面温度升高一定幅度，自然对流作用有限，流速最大值为 1.2m/s。8:00 时刻太阳照射囊体东北侧表面，内部自然对流明显，流速最大值为 1.8m/s。12:00 时刻太阳直射囊体顶部表面，自然对流作用较弱，流速最大值为 1.3m/s。总体来讲，流线型囊体内部流场气体的最大流速不超过 1.8m/s，大部分区域小于 1m/s，内部的自然对流较弱，属于极低速流动。

5.4.3　内部气体压力分布

1. 正球形囊体计算结果及分析

图 5.19 所示为不同太阳直射角度条件下，正球形囊体内部气体相对压力分布图。内部初始压力取 300Pa，其与压力计算结果之差即内部相对初始压力的压力值。对不同的直射角度，囊体内部气体压力沿高度方向呈明显的分层分布，但从总体来看，压力分布的不均匀性较小。当分别采用斜上方、正侧方和正上方直射条件时，正球形囊体内部气体相对压力最大值和最小值之差分别为 0.075Pa、0.04Pa 和 0.09Pa。压力分布不均匀性对于囊体内部初始压力而言较小，可忽略不计。

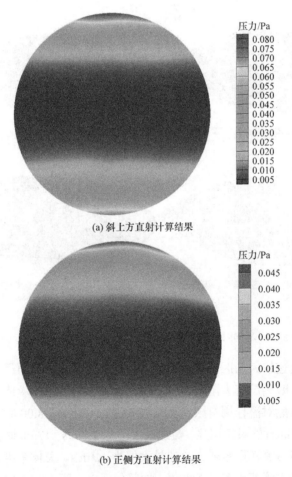

(a) 斜上方直射计算结果

(b) 正侧方直射计算结果

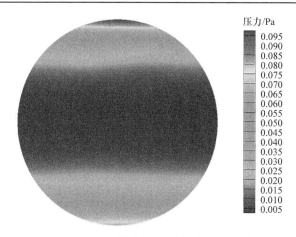

(c) 正上方直射计算结果

图 5.19　正球形囊体内部气体相对压力分布

2. 流线型囊体计算结果及分析

图 5.20 所示为 4:00～12:00 不同时刻条件下，流线型囊体内部气体相对压力分布情况，包括沿纵轴(X轴)和横轴(Y轴)方向切面处压力分布图，及最大横截面和纵向对称截面处的压力分布图。每个时刻的内部初始压力根据典型条件下的内部氦气平均温度计算得到，与内部压力计算结果相减可以得到相对压力值。

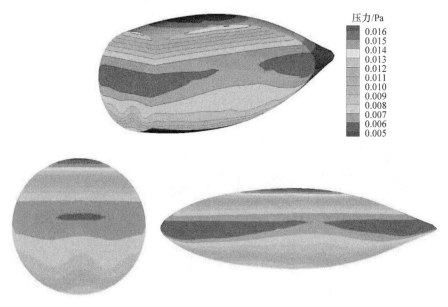

(a) 4:00时刻计算结果

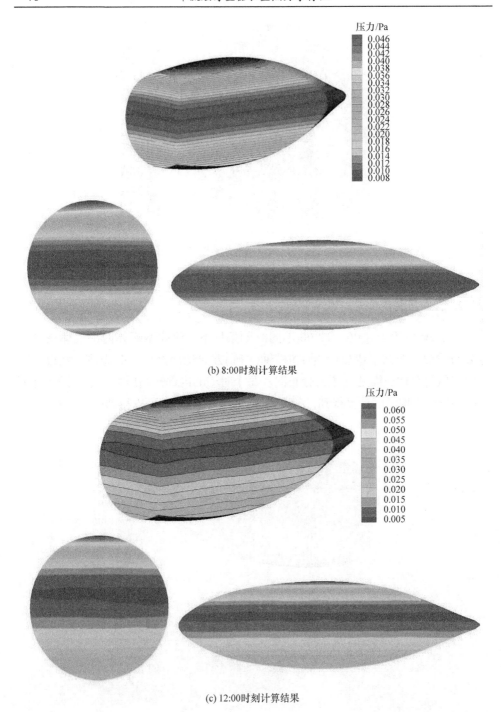

(b) 8:00时刻计算结果

(c) 12:00时刻计算结果

图 5.20　流线型囊体内部气体相对压力分布

对于不同的驻空时刻，囊体内部气体压力沿高度方向呈明显的分层分布，但压力分布的不均匀性很小。4:00、8:00 和 12:00 时刻，流线型囊体内部气体压力最大值和最小值之差分别为 0.011Pa、0.038Pa 和 0.055Pa，囊体内部的气体压力变化较为微弱。因此，可以认为，在驻空阶段达到近似稳态过程的情况下，自然对流对平流层浮空器内部压力分布的不均匀性影响较小；在昼夜驻空条件下，内部气体由自然对流导致的压力变化对囊体结构受力影响较为有限。

5.5　内部自然对流非稳态分析

5.5.1　导热传热模型

囊体内部导热问题的计算方法主要包括集总热容方法和离散方法。本节采用离散方法，利用 Fluent 软件对平流层浮空器内部导热进行非稳态仿真计算，并与内部自然对流非稳态计算结果进行对比分析。

单元体内非稳态导热微分方程为

$$\rho c \frac{\partial T}{\partial t} = \frac{\partial}{\partial x}\left(\lambda \frac{\partial T}{\partial x}\right) + S \tag{5.4}$$

其中，x 为导热方向坐标；T 为温度；ρ 为蒙皮材料的密度；c 为蒙皮材料的比热容；λ 为蒙皮材料的导热系数；S 为内热源。

采用有限容积方法对上述非稳态导热微分方程进行离散。下面以内节点为例，对采用的方法进行说明。

在时间间隔 Δt 内，对内节点控制容积 P(图 5.21)积分，可得全隐格式的离散方程，即

$$a_P T_P = a_N T_N + a_S T_S + b \tag{5.5}$$

其中

$$a_N = \frac{\lambda_N \Delta x}{(\delta x)_N} \tag{5.6}$$

$$a_S = \frac{\lambda_S \Delta x}{(\delta x)_S} \tag{5.7}$$

$$a_P = a_N + a_S + a_P^0 - S_P \Delta x \tag{5.8}$$

$$b = S_P \Delta x + a_P^0 T_P^0 \tag{5.9}$$

式中，λ_N 和 λ_S 分别为单元体积 N 和 S 的导热系数；T_N 和 T_S 分别为单元 N 和 S 的温度值；Δx 为控制单元 P 的一维长度；δx 为单元 P 与相邻单元的距离；T_P^0 为 P 点初始温度；S_P 为 P 点热源；$a_P^0 = \dfrac{(\rho c)_P \Delta x}{\Delta t}$。

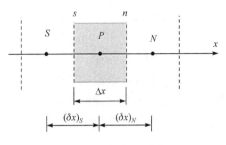

图 5.21　内节点控制容积

5.5.2　计算结果与分析

为进一步分析平流层浮空器内部自然对流的影响，可以将浮空器内部简化为固体进行均匀导热计算，将自然对流热平衡过程与均匀导热热平衡过程进行对比分析。在进行导热计算时，其参数与对流传热设置相同。

(1) 热平衡时间影响分析

图 5.22 和图 5.23 分别为内部自然对流和导热温度分布图。在内部自然对流过程中，经过约 1200s 达到热平衡。在均匀导热过程中，达到热平衡所需的时间在

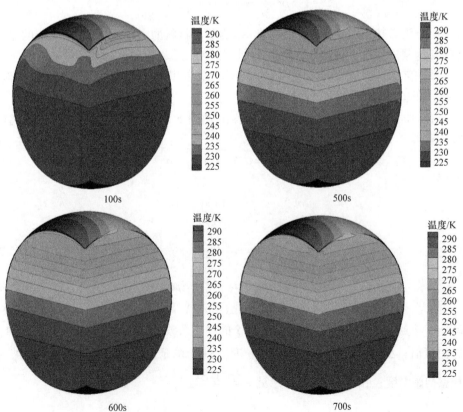

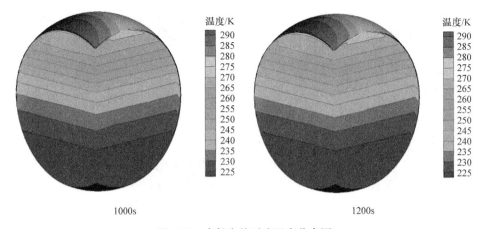

1000s　　　　　　　　　　　　1200s

图 5.22　内部自然对流温度分布图

10000s 以上。通过对比可以发现，与均匀导热相比，内部自然对流情况下的温度分布沿高度方向呈明显的分层现象，高温气体处于上部，低温气体处于下部。对于给定的计算条件，浮空器内部大部分区域的温度主要集中于 235～265K 之间。在均匀导热中，高温部分和低温部分所占比重均较大。

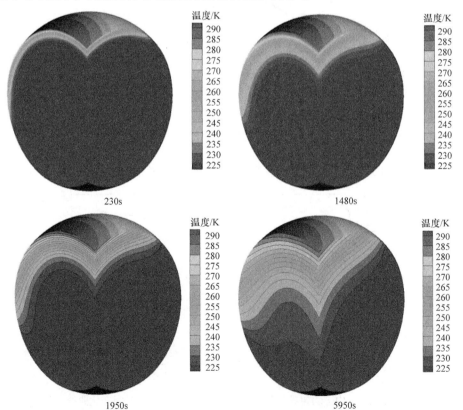

230s　　　　　　　　　　　　1480s

1950s　　　　　　　　　　　　5950s

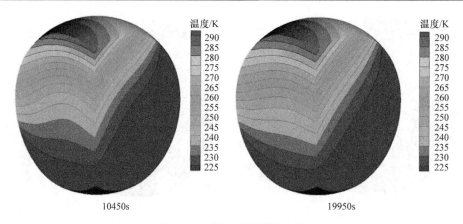

图 5.23 内部导热温度分布图

(2) 平衡前超热/超压随时间变化分析

图 5.24～图 5.27 给出了自然对流和均匀导热条件下，内部氦气平均温度和超

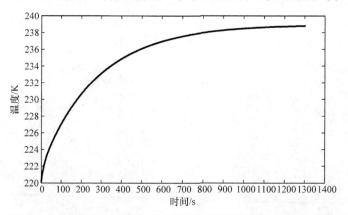

图 5.24 内部自然对流条件下内部氦气平均温度随时间变化曲线

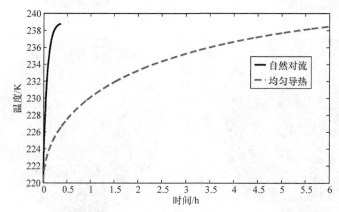

图 5.25 内部均匀导热条件下内部氦气平均温度随时间变化曲线

压随时间变化曲线。在自然对流的作用下，内部气体在较快时间内到达热平衡状态，平均温度上升约 19K，超压量约 600Pa。在均匀导热作用下，内部气体温度和压力变化较慢，到达热平衡的时间超过 6h，平均温度和超压的最终变化值与自然对流结果相差较小。由此可见，自然对流的作用是加速内部气体与囊体壁面的换热，缩短气体热平衡的时间。

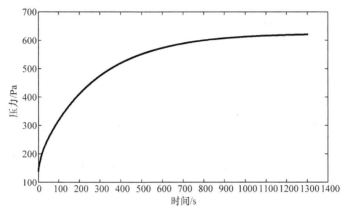

图 5.26　内部自然对流条件下内部超压随时间变化曲线

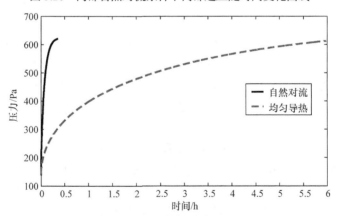

图 5.27　内部均匀导热条件下内部超压随时间变化曲线

(3) 平衡后内部平均温度对比分析

　　内部气体平均温度直接决定内部压力的大小，而内部压力是影响结构安全性的重要因素。因此，通常情况下，浮空器内部平均温度是关注的重点。由表 5.1 可以看出，对于内部均匀导热假设而言，虽然温度分布形式和对流换热不同，但其平均温度与自然对流换热结果差别很小。在进一步的研究中，可以通过将浮空器内部作为均匀导热来简化内部流动计算。

表 5.1 不同条件下内部平均温度值

计算条件		内部平均温度值/K
对流换热	斜上方直射	239.7
	正侧方直射	240.4
	正上方直射	238.9
导热传热		240.8

5.6 本章小结

本章以正球形和流线型浮空器为例，研究平流层浮空器囊体内部自然对流特性，主要研究结论如下。

① 在内部自然对流过程中，气体整体流速很小，因此从流动本身的角度来看，平流层浮空器内部自然对流属于极低速流动。

② 在自然对流作用下，内部气体温度分布分层明显，高温气体分布于囊体上部，低温气体分布于囊体下部，不同部位温差较大，温度不均匀性较大；对于正球形囊体，太阳直射角度不同，内部气体平均温度具有一定的差别，但差别很小。

③ 囊体内部气体压力呈现有规律的分层分布，但不同部位压差很小，压力不均匀性较小，由内部自然对流引起的压力变化对蒙皮结构受力的影响较小。

④ 囊体内部气体的自然对流过程，既不同于缓慢的固体均匀导热，也不是瞬间实现热平衡。通过自然对流达到温度平衡状态的时间约 30min，均匀导热方式约 6h。

⑤ 在相同热边界条件下，自然对流和均匀导热达到平衡状态时，内部气体平均温度值基本相同，因此预测内部气体平均温度时，可不求解内部自然对流换热，而将其当作固体导热处理。由于两种方式计算得到的平均温度值基本相同，因此囊体超热和超压量基本相同，对蒙皮结构安全性的影响相同。

第 6 章　平流层浮空器外部对流特性研究

本章在内部自然对流特性分析的基础上，开展平流层浮空器外部对流特性数值仿真研究，揭示浮空器在不同对流速度、迎角、几何外形等条件下的表面压力、温度分布和内部平均温度随时间变化的规律，进一步探究外部对流对浮空器热特性的影响。

6.1　外部对流计算方法

6.1.1　几何网格划分

第 5 章的计算结果表明，对于非常微弱的内部自然对流而言，在相同的温度边界条件下，当达到稳态后，内部气体在自然对流条件下的平均温度和均匀导热假设得到的平均温差别很小，但是温度分布差别较为明显。基于上述结论，稳态分析时可将浮空器内部传热作为均匀导热进行计算。对平流层浮空器外部的对流特性进行研究时，我们更为关心的是浮空器内部平均温度的变化，采用导热假设从宏观上反映内部气体平均温度的变化，进而分析不同对流速度、迎角和几何外形对超热、超压问题的影响。

在计算中，浮空器内部只涉及导热问题，外部为大气流场。外部对流示意图如图 6.1 所示。外部流场计算域及浮空器囊体表面示意图如图 6.2 所示，其中 L 表示流线型囊体长度。浮空器外部和内部网格划分如图 6.3 所示。浮空器外表面网格的第一层厚度约 1/2000 浮空器长度，在浮空器内部和外部的交界面上可采用温度耦合求解。

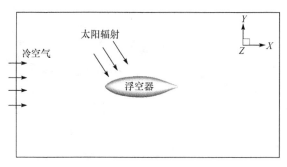

图 6.1　外部对流示意图

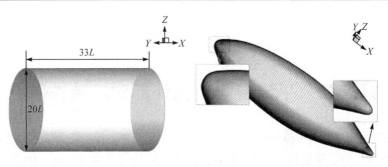

图 6.2 外部流场计算域及浮空器囊体表面示意图

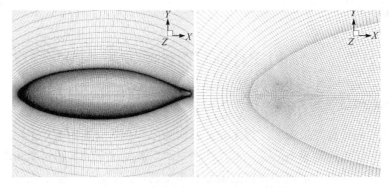

图 6.3 浮空器外部和内部网格划分

6.1.2 边界条件和数值方法

采用第2章介绍的CFD方法对流场进行求解,其中入口边界条件为速度入口,出口采用压力出口边界。热边界条件采用热流边界。不同的太阳直射角度对应昼夜不同的时刻,热流边界条件示意图如图 6.4 所示。浮空器表面的热流密度可表示为

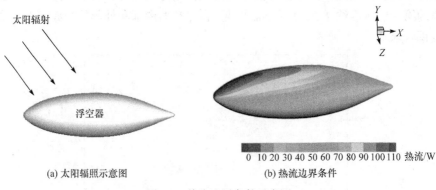

(a) 太阳辐照示意图   (b) 热流边界条件

图 6.4 热流边界条件示意图

$$q = a_s Q_{rad} \cos(\gamma_{se}) + E_{env} \qquad (6.1)$$

其中，a_s 为太阳可见因子；Q_{rad} 为可吸收的太阳辐射最大热流密度，约为 100W；γ_{se} 为太阳直射方向和浮空器表面的内法线方向的夹角；E_{env} 为吸收的周围环境的红外辐射，约为 20W。

6.2　模　型　验　证

为验证外部流场计算模型及方法的合理性，分别对正球形和流线型囊体二维外流场进行仿真计算分析。

6.2.1　正球形囊体外流场计算

对于正球形囊体外部强迫对流换热问题，其物理模型可假设为半径 R 的刚性球体置于长 $35R$、直径 $30R$ 的圆柱形通道正中，球体中心距入口平面 $15R$，中心剖面如图 6.5 所示。入口气体的温度恒定，并以恒定的速度进入圆柱形通道。假设表面等温，由于大气风速低于 0.3Ma，此时的空气为不可压缩流体，因此是一个稳态不可压的流动和传热问题。

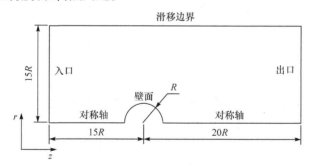

图 6.5　球体计算域中心剖面

Re 的范围为 $20 \sim 10^8$。正球形囊体 Re 为 100 和 200 时的流场如图 6.6 和图 6.7 所示。正球形囊体 Nu 和 Re 的关系如图 6.8 所示。

6.2.2　流线型囊体外流场计算

对于流线型囊体外部强迫对流换热问题，其物理模型可假设短轴半径为 RB、长轴半径为 RA 的刚性椭球置于长 $35RB$、直径 $30RB$ 的圆柱形通道正中，浮空器中心距入口平面 $15RB$。流线型囊体计算域中心剖面如图 6.9 所示。入口气体的温度恒定，并以恒定的速度进入圆柱形通道。假设表面等温，该问题是一个稳态不可压的流动和传热问题。

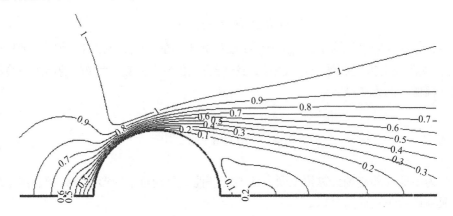

图 6.6　正球形囊体 $Re = 100$ 时的流场

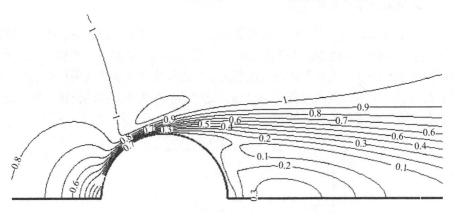

图 6.7　正球形囊体 $Re = 200$ 时的流场

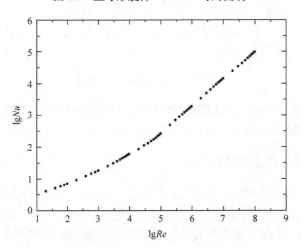

图 6.8　正球形囊体 Nu 和 Re 的关系

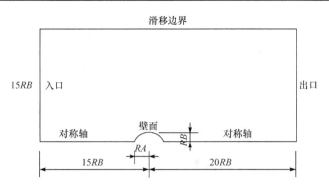

图 6.9　流线型囊体计算域中心剖面

流线型囊体 Re 为 100 和 200 时的流场如图 6.10 和图 6.11 所示。不同长细比(长轴与短轴之比，记为 FR)下的囊体 Nu 和 Re 的关系如图 6.12 所示。相同 Re 下，囊体的平均 Nu 随着长细比的增加而降低。以 $Re = 100$ 为例，$FR=2$ 的囊体的平均 Nu 为 5.85，$FR=4$ 的囊体的平均 Nu 为 4.52。随着 Re 的上升，囊体长细比的变化对平均 Nu 的影响逐渐减小。

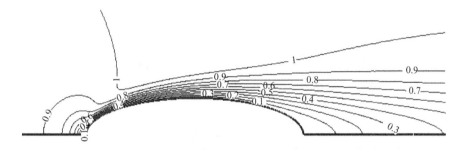

图 6.10　流线型囊体 $Re = 100$ 时的流场($FR=3$)

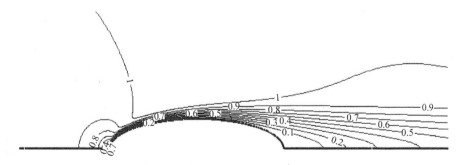

图 6.11　流线型囊体 $Re = 200$ 时的流场($FR=3$)

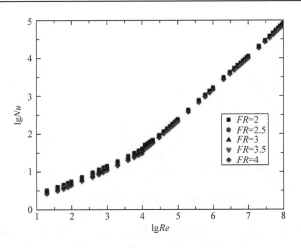

图 6.12　流线型囊体 Nu 与 Re 的关系

6.3　外部对流特性分析

6.3.1　计算条件

浮空器外形采用第 4 章介绍的流线型囊体几何参数。其内部气体参数如表 6.1 所示。浮空器长度为 152m，计算域为圆柱形区域，长度为浮空器长度的 33 倍，直径为艇长的 10 倍。来流计算条件为 20km 处的大气密度、气压、温度等条件。

表 6.1　囊体内部气体参数

组分	氦气
气体密度	0.0124 kg/m³
内部气体质量	1860kg
气体比热容	$5.2×10^3$J/(kg · K)
热传导系数	0.144 W/(m · K)

6.3.2　典型状态分析

以 45°太阳直射角、10m/s 对流速度、4°飞行迎角为平流层浮空器典型飞行状态，对外部流动传热进行仿真计算，分析外流场的流动和浮空器囊体内部温度分布等。

平流层浮空器囊体表面外部压力分布如图 6.13 所示。浮空器头部和尾部压力相对较高，而低压则处于浮空器的中间部分。由于 20km 的空气密度非常低，动压引起的表面相对压力非常小。在 10m/s 的对流速度条件下，动压引起的动压差值约为 5Pa。观察附近的流线可以看出，在浮空器有飞行迎角时，浮空器的后缘背风区出现漩涡，但强度较弱，流经囊体的流动均为附着流，并未出现明显的分离。浮空器囊体表面流线示意图如图 6.14 所示。浮空器囊体表面及对称面温度分布云图如图 6.15 所示。

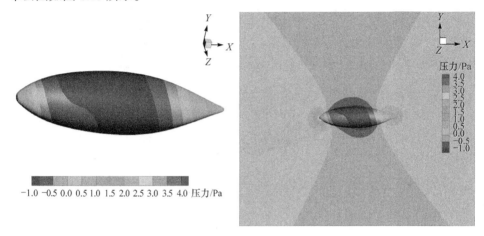

图 6.13　浮空器囊体表面外部压力分布图

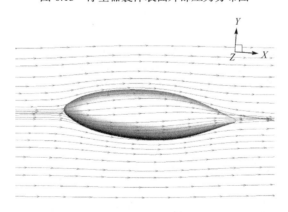

图 6.14　浮空器囊体表面流线示意图

进一步观察浮空器囊体内部温度的分布(图 6.16)可以得出，浮空器上部的温度较高，下部的温度相对较低。这是因为浮空器上部受到太阳直射热流的加热作用。此外，浮空器尾部的温度比头部温度稍高。这是由于在流动的过程中，外部冷气流流经浮空器表面时温度增加，对后缘的换热能力相对较弱，使靠近后缘的浮空器外部气流温度比前部稍高。

　　假设浮空器囊体内部只有导热作用，由观察浮空器不同方向截面的温度云图可得，内部温度由上部向下部逐渐降低。

图 6.15　浮空器囊体表面及对称面温度分布云图

　　浮空器受热较为严重的是囊体头部的驻点区域，以及后缘的背风区域，最高温度超过 300K。

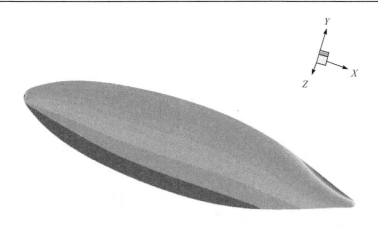

220 225 230 235 240 245 250 255 260 265 270 275 280 285 290 295 300　温度/K

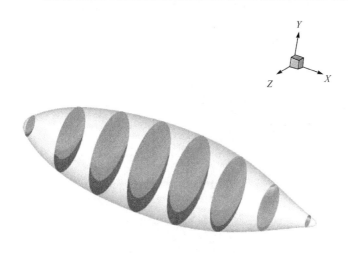

220 225 230 235 240 245 250 255 260 265 270 275 280 285 290 295 300　温度/K

图 6.16　浮空器囊体内部温度分布图

6.3.3　对流速度影响分析

　　假设太阳直射角 45°，浮空器保持 4°迎角飞行，对流速度分别为 5m/s、10m/s 和 15m/s，下面分析不同对流速度对浮空器表面压力、温度分布和内部平均温度的影响。

不同对流速度条件下,浮空器囊体表面和周围的压力分布如图 6.17 所示。不同对流速度条件下,浮空器表面和周围压力分布规律相似,但受到的压力不同,对流速度越高,头部受到的动压也越大。此外,浮空器所受阻力随风速的变化关系如图 6.18 所示。可以看出,阻力随对流速度的增大而迅速增大。

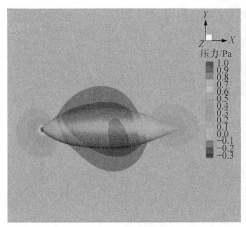

(a) 对流速度5m/s　　　　　　　　　　　　　(b) 对流速度10m/s

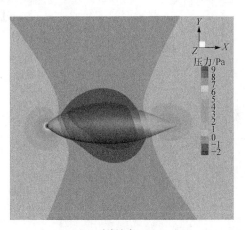

(c) 对流速度15m/s

图 6.17　浮空器囊体表面和周围的压力分布

进一步对浮空器的传热特性进行分析,浮空器囊体表面温度分布如图 6.19 所示。可以看出,在不同的对流速度下,浮空器表面温度分布形式基本相同,上部温度高而下部温度较低,尾部温度比头部稍高。这是由于浮空器的上表面受到热流的加热作用,进一步通过热传导将热量向下传递,造成上部温度比下部温度高。此外,在周围冷空气流过浮空器表面时,浮空器周围空气被加热,使浮空器尾部换热能力相对较弱,因此浮空器尾部温度比头部温度稍高。

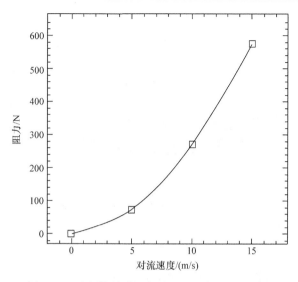

图 6.18　浮空器所受阻力随对流速度的变化关系

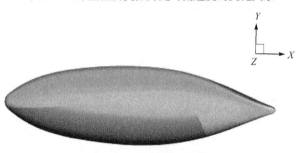

(a) 对流速度5m/s

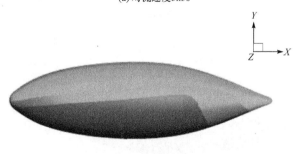

(b) 对流速度10m/s

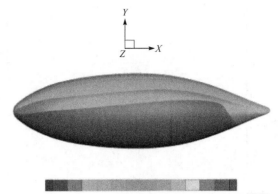

220 230 240 250 260 270 280 290 300 310 320 330 340　温度/K

(c) 对流速度15m/s

图 6.19　浮空器囊体表面温度分布

　　浮空器囊体内部截面温度分布如图 6.20 所示。可以看出，浮空器内部上部温度较高，下部温度较低，且高温部分主要集中于浮空器头部区域和尾部区域。

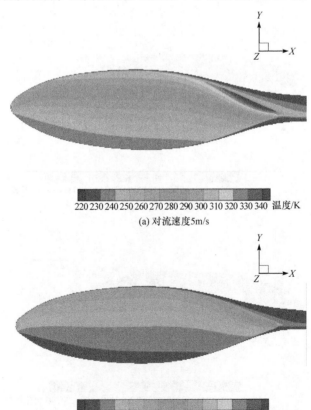

220 230 240 250 260 270 280 290 300 310 320 330 340　温度/K

(a) 对流速度5m/s

220 230 240 250 260 270 280 290 300 310 320 330 340　温度/K

(b) 对流速度10m/s

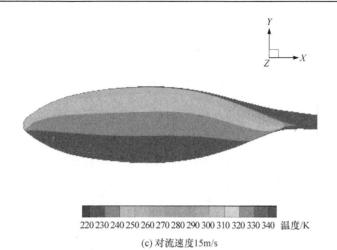

(c) 对流速度15m/s

图 6.20　浮空器囊体内部截面温度分布

由图 6.21 可以看出，内部平均温度随对流速度的增大而降低，当对流速度为 5m/s 时，内部平均温度达到 260K，当对流速度为 15m/s 时，内部温度降至 235K 左右。随着对流速度的增大，内部平均温度降低的速率逐渐减小，适当增大外部对流速度对内部超热问题的缓解作用是非常显著的。

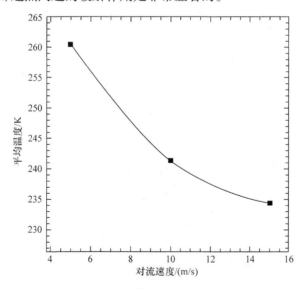

图 6.21　内部平均温度随不同对流速度的变化关系

综上，对流速度的增加对于浮空器的超热问题带来一定的缓解作用，但同时也会由阻力的增加带来更大的能量消耗，给能源动力系统带来非常大的挑战。

6.3.4　飞行迎角影响分析

　　下面针对不同的飞行迎角对流动进行计算，分析迎角对囊体表面温度分布和内部平均温度的影响。飞行迎角分别取 0°、4°、8°，保持对流速度 10m/s，太阳直射角 45°。

　　对不同的飞行迎角，浮空器囊体表面压力分布如图 6.22 所示，其中压力值为相对于 20km 处的相对压力值。可以看出，对不同的飞行迎角，浮空器表面由流动引起的低压区位置发生变化，而高压区主要集中在浮空器头部。

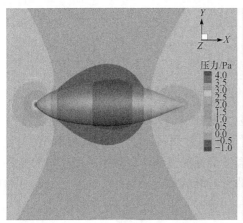

(a) 迎角0°　　　　　　　　　　　　　　(b) 迎角4°

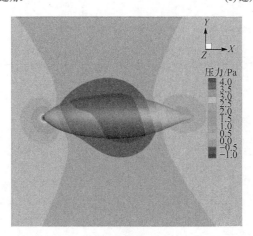

(c) 迎角8°

图 6.22　浮空器囊体表面压力分布

　　对不同的飞行迎角，浮空器囊体表面温度分布如图 6.23 所示。可以看出，不同的飞行迎角对于浮空器表面的温度分布影响相对较小。随着迎角的增加，内部平均温度基本保持不变。

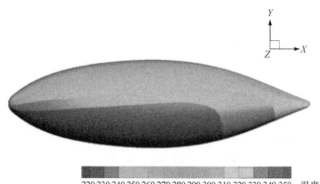

(a) 迎角0°

(b) 迎角4°

(c) 迎角8°

图 6.23　浮空器囊体表面温度分布

综上,迎角的改变主要影响浮空器周围的压力分布,而对浮空器囊体表面温度分布及内部平均温度的影响很小。内部平均温度与飞行迎角的关系如图6.24所示。

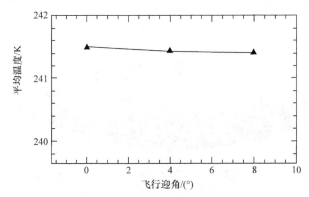

图6.24　内部平均温度与飞行迎角的关系

6.3.5　太阳直射角度影响分析

直射角分别取 0°、45°、90°,保持对流速度 10m/s,飞行迎角 4°,下面分析不同的太阳直射角对囊体表面温度分布和内部平均温度的影响。

如图 6.25 所示,在不同的直射角度,囊体表面温度分布明显不同。当太阳直射囊体头部时,浮空器表面大部分温度较低,而随着直射角度的增大,浮空器上部温度升高,特别是尾部温度升高明显。

浮空器囊体截面温度分布如图 6.26 所示,当太阳直射囊体头部时,高温部分位于头部区域,且高温区域非常小;随着直射位置上移,高温区域逐渐扩大。

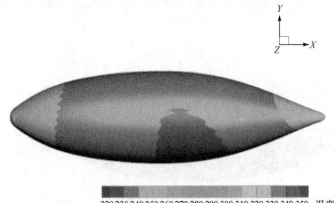

(a) 直射角0°

(b) 直射角45°

(c) 直射角90°

图 6.25　浮空器囊体表面温度分布

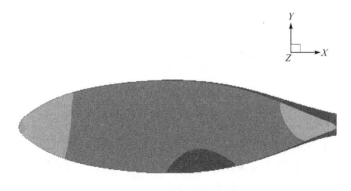

(a) 直射角0°

(b) 直射角45°

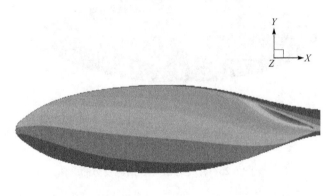

(c) 直射角90°

图 6.26　浮空器囊体截面温度分布

　　图 6.27 所示为囊体内部平均温度随太阳直射角度的变化曲线。当浮空器处于正侧方直射时(直射角为 0°)，内部平均温度约为 234K；当浮空器处于正上方直射时(直射角为 90°)，内部平均温度约为 246K。

　　综上，囊体表面高温部分主要集中于太阳直射处，内部平均温度主要受到投影面积的影响。浮空器在直射方向的投影面积越大，内部平均温度越高。为了减小内部超热影响，可以在允许的条件下，尽可能地减小浮空器囊体在太阳直射方向上的投影面积，降低内部气体平均温度。

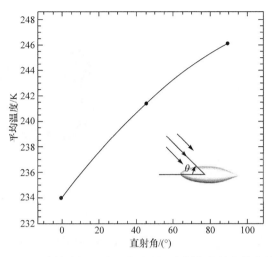

图 6.27　囊体内部平均温度随太阳直射角度的变化曲线

6.3.6　几何外形影响分析

将正球形与流线型囊体进行对比，分析不同的囊体形状对浮空器外部流动传热的影响。为保证同等浮力，假设不同的几何外形具有相同的体积，因此流线型囊体长度为 152m，对应的球形囊体半径约为 31.6m。在计算过程中，正球形与流线型囊体计算保持相同的计算域大小及表面网格厚度。正球形囊体表面网格和对称面网格示意图如图 6.28 所示。采用相同的边界条件和计算格式，不同外形的热流边界条件对比如图 6.29 所示。

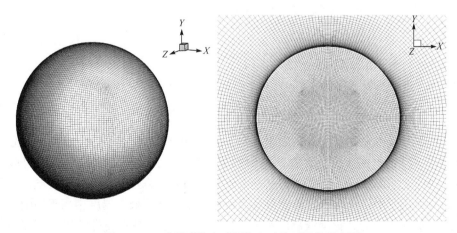

图 6.28　正球形囊体表面网格和对称面网格示意图

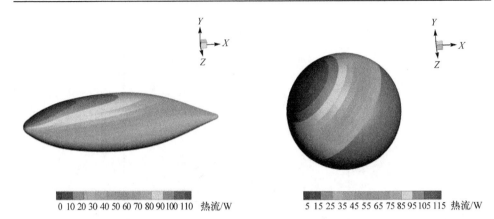

图 6.29　不同外形的热流边界条件对比

　　由于流线型囊体的长径比较大，当流体流过表面时一般不会出现流动分离现象，而正球形囊体则会在背风区形成显著的流动分离涡，使囊体阻力系数远大于流线型囊体。正球形囊体压力分布和流线图如图 6.30 所示。

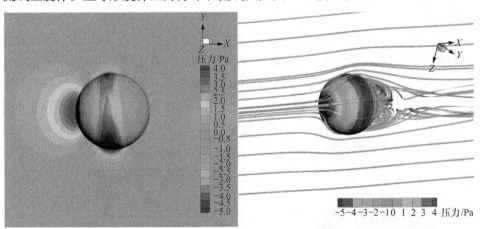

(a) 囊体表面对称面压力分布　　　　　　　　(b) 囊体表面压力分布和流线图

图 6.30　正球形囊体压力分布和流线图

　　正球形囊体表面温度分布如图 6.31 所示。其中最高温度超过 300K，高温部分分布于浮空器的头部，为受热最为严重的部位。从温度分布的后视图可以看出，囊体上部温度比下部稍高，这是由于上部的大气流过受热最严重区域，受到表面的加热作用。正球形囊体的背风区存在一个带状区域，温度稍高于周围，这是由于带状区域受到背部漩涡的影响(图 6.32)。由于正球形囊体背风区存在显著的分离流动，其对流换热能力大大降低，对浮空器超热问题的缓解较为不利。

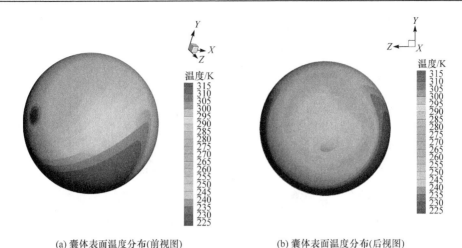

(a) 囊体表面温度分布(前视图)　　　　(b) 囊体表面温度分布(后视图)

图 6.31　正球形囊体表面温度分布

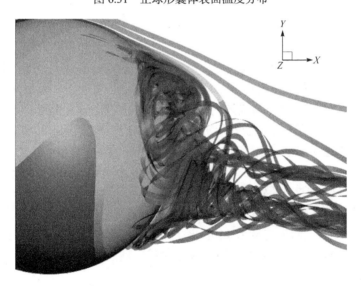

225 235 245 255 265 275 285 295 305 315　温度/K

图 6.32　正球形囊体背风区漩涡图

　　正球形囊体内部温度分布如图 6.33 所示。受到太阳直射区域一侧的温度较高，并且由于受到浮空器表面的加热作用和背风区存在流动分离，囊体尾迹部分的大气温度较高。

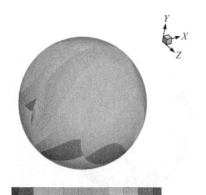

225 235 245 255 265 275 285 295 305 315 温度/K　　　　225 235 245 255 265 275 285 295 305 315 温度/K

　　　(a) 囊体内部切面温度分布　　　　　　　　　(b) 囊体对称面及周围空气温度分布

图 6.33　正球形囊体内部温度分布

6.4　本 章 小 结

　　本章采用 CFD，在外部流场模型及计算方法验证的基础上，得到平流层浮空器外部对流特性。首先，通过开展囊体二维外流场仿真分析，验证计算模型及方法的合理性。然后，将浮空器囊体内部简化为均匀导热，分析得到不同对流速度、攻角、太阳直射位置和浮空器外形对囊体表面压力、蒙皮温度和内部气体平均温度的影响，通过内部平均温度反映内部超热超压问题。

　　① 在高空飞行过程中，由于环境流场密度较小，与内部温度变化带来的压力变化相比，由气动带来的外部动压变化很小。

　　② 浮空器内部平均温度随对流速度的增大而降低，对流速度为 5m/s 时内部平均温度为 260K，对流速度为 15m/s 时内部温度降至 235K，降幅可达到 25K。

　　③ 在无分离流动的条件下，飞行迎角对浮空器表面温度及内部平均温度的影响基本可以忽略。

　　④ 太阳直射角度直接影响浮空器表面温度分布。其内部平均温度与浮空器在太阳直射方向上的投影面积正相关。太阳直射角为 0° 时，内部平均温度约为 234K。当太阳直射角为 90° 时，内部平均温度约为 246K。在不同直射角度条件下，内部平均温度变化达到 12K。

　　⑤ 与相同体积的流线型囊体相比，正球形囊体在背风区形成流动分离，对流换热能力大大弱于流线型囊体，对于超热问题的缓解具有不利影响。

第7章 平流层浮空器超热应对措施分析

平流层浮空器昼夜驻空过程的超热超压变化对飞行性能的影响较大，采取一定的抗超热措施可以减小囊体超热量，有效提高浮空器结构安全性和驻空高度保持的稳定性。昼夜驻空热特性计算分析表明，囊体蒙皮热物性参数、太阳电池传热、外部对流速度对昼夜最大超热值的影响较大。本章从对流和辐射两种传热方式入手，从优化囊体蒙皮热物性参数、减缓太阳电池传热、改善内部和外部对流四个方面考虑，提出超热应对措施，基于三维热模型对其有效性进行仿真分析，为平流层浮空器长期驻空抗超热超压设计提供理论依据。

7.1 外表面金属镀层分析

7.1.1 应对措施方案设计

分析浮空器囊体蒙皮热物性参数对热特性的影响可得，降低蒙皮太阳辐射吸收率、增大蒙皮外表面红外发射率可降低氢气最高温度和昼夜温差。因此，通过改善囊体蒙皮外表面热物性参数，可有效减缓浮空器超热。

根据光热可控性的类型和机理，可以从提高蒙皮的热阻隔性、光反射率，以及红外发射率综合研究蒙皮的光热可控性能。光热反射率越大，太阳光中的热能反射得越多。红外发射率越大，蒙皮可以尽可能地把越多吸收的可见光、红外光及紫外光能量，以红外辐射方式发射到大气层，达到囊体降温的目的。蒙皮导热系数应尽可能低，以有效阻隔太阳热能传递，达到降温目的。

国外的囊体蒙皮材料具有较高的技术成熟度和工艺稳定性。采用镀铝层的囊体材料太阳辐射吸收率可以达到 0.1，红外发射率可接近 0.8，吸发比小于 0.12。国产含有金属镀层的囊体材料太阳辐射吸收率在 0.2 以下，红外发射率约为 0.62，吸发比大于 0.25。金属镀层是调控材料表面热辐射特性的一种有效手段。本节采用金属镀层调控浮空器囊体蒙皮光热辐射特性，以镀铝层为例进行分析。囊体外表面金属镀层示意图如图 7.1 所示。

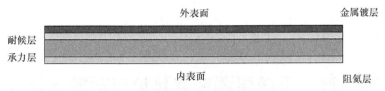

图 7.1　囊体外表面金属镀层示意图

7.1.2　有效性分析

对正球形和流线型囊体蒙皮外表面采用添加镀铝层的措施,对浮空器温度分布和变化规律进行分析。常规蒙皮材料取太阳辐射吸收率为 0.3,红外发射率为 0.8。镀铝层蒙皮太阳辐射吸收率为 0.18,红外发射率为 0.85。

图 7.2 所示为正球形囊体外表面镀铝层对囊体内部氦气平均温度的影响曲线。图 7.3 所示为正球形囊体外表面镀铝层对蒙皮表面温度分布的影响。由图 7.2

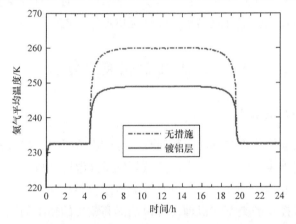

图 7.2　正球形囊体外表面镀铝层对囊体内部氦气平均温度的影响曲线

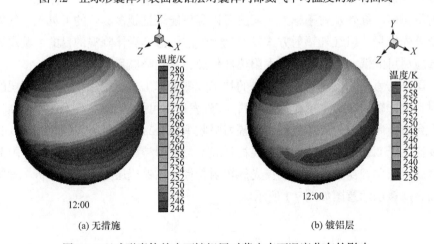

图 7.3　正球形囊体外表面镀铝层对蒙皮表面温度分布的影响

可知，在蒙皮外表面镀铝层后，正球形囊体内部氦气最高温度从 259.7K 降至 248.8K，夜晚氦气温度升高 0.3K，昼夜温差降低约 11.2K。由图 7.3 可知，在蒙皮外表面镀铝层后，12:00 时刻蒙皮的最高温降低约 20K，最低温度降低约 8K，蒙皮温差降低约 12K。

　　针对不考虑太阳电池和铺装太阳电池两种情况，分析蒙皮表面镀铝层对流线型囊体热特性的影响。图 7.4 所示为流线型囊体在不考虑太阳电池时，外表面镀铝层对内部氦气平均温度影响曲线。图 7.5 所示为流线型囊体不考虑太阳电池时，外表面镀铝层对蒙皮表面温度分布的影响。图 7.6 所示为流线型囊体铺装太阳电池时，外表面镀铝层对内部氦气平均温度的影响曲线，太阳电池的太阳辐射吸收率取 0.9。图 7.7 所示为流线型囊体铺装太阳电池时，外表面镀铝层对蒙皮温度表面分布的影响。

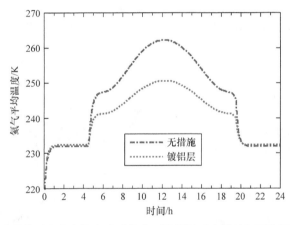

图 7.4　流线型囊体不考虑太阳电池时外表面镀铝层对内部氦气平均温度的影响曲线

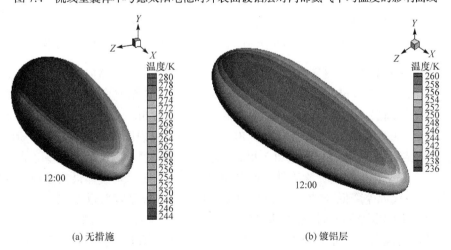

(a) 无措施　　　　　　　　　　　　　　(b) 镀铝层

图 7.5　流线型囊体不考虑太阳电池时外表面镀铝层对蒙皮表面温度分布的影响

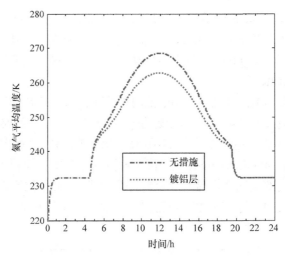

图 7.6　流线型囊体铺装太阳电池时外表面镀铝层对内部氦气平均温度的影响曲线

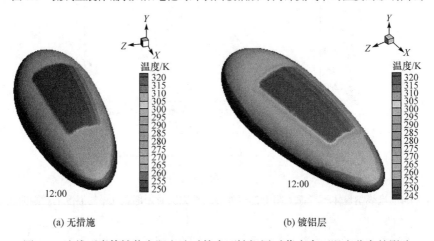

(a) 无措施　　　　　　　　　　　　　　　　(b) 镀铝层

图 7.7　流线型囊体铺装太阳电池时外表面镀铝层对蒙皮表面温度分布的影响

　　由图 7.4 和图 7.5 可知，在蒙皮外表面添加镀铝层后，囊体内部氦气最高温度从 262.2K 降至 250.6K，夜晚温度升高 0.3K，昼夜最大温差降低 11.9K，12:00 时刻蒙皮的最高温度降低约 20K，蒙皮最低温度降低约 6K，蒙皮温差降低约 14K。

　　由图 7.6 和图 7.7 可知，铺装太阳电池时，蒙皮外表面添加镀铝层后，艇内氦气白天最高温度从 268.6K 降至 262.9K，夜晚温度几乎没变，昼夜最大温差降低 5.7K。

　　综上，平流层浮空器囊体外表面采用镀铝层后，正球形囊体最大超热量降低 10.9K，昼夜温差降低 11.2K，12:00 时刻蒙皮的最高温度降低近 20K。流线型囊体不考虑太阳电池影响时，最大超热量降低 11.6K，最大昼夜温差降低 11.9K，12:00 时刻蒙皮的最高温度降低近 20K。流线型囊体考虑太阳电池影响时，最大超热量

降低 5.7K，最大昼夜温差降低 5.7K。因此，囊体蒙皮外表面镀铝层后可有效地
降低浮空器超热。

7.2　太阳电池散热风道分析

7.2.1　应对措施方案设计

　　由太阳电池对平流层浮空器热特性的影响分析可知，与不考虑太阳电池相比，
铺设太阳电池后囊体内部氦气温度增加，加剧浮空器的超热；添加隔热结构后，
随着太阳电池(含隔热结构)等效热阻的增大，氦气温度逐渐降低，浮空器超热量
减小。本节提出在太阳电池与囊体蒙皮之间增设散热风道，通过增加对流换热降
低太阳电池的温度和太阳电池对氦气温度的影响(图 7.8)。若风道高度设为 8mm，
选用 1.5m³/s 流量的风机，分别布置风机 4 台、6 台和 8 台，可使风道中的对流速
度达到 20m/s、30m/s 和 40m/s。

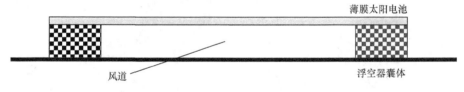

图 7.8　太阳电池散热通道示意图

7.2.2　有效性分析

　　针对铺设太阳电池的流线型囊体，分析应用散热通道对浮空器温度的影响。
太阳电池吸收率取 0.9，无措施时，浮空器外部对流速度为 10m/s。当风道风速为
20m/s、30m/s 和 40m/s 时，图 7.9 给出了太阳电池散热风道对囊体内部氦气温度
的影响曲线，图 7.10 给出了太阳电池散热风道对蒙皮表面温度分布的影响。

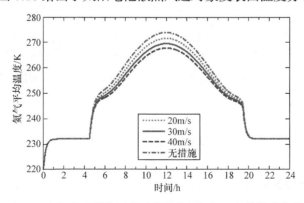

图 7.9　太阳电池散热风道对囊体内部氦气温度的影响曲线

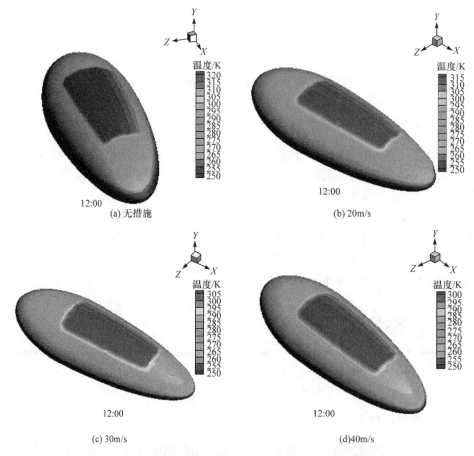

图 7.10　太阳电池散热风道对蒙皮表面温度分布的影响

　　由图 7.9 可知，相比无太阳电池散热通道时氦气最高温度的 274.3K，上述不同风道风速的氦气最高温度依次为 271.9K、269.8K、268K，增设太阳电池散热风道可以有效降低氦气的温度，减小超热量。由图 7.10 可知，采用太阳电池散热风道后可以降低太阳电池的温度，12：00 时刻三种风道风速太阳电池的最高温度降低量分别约为 5K、15K、20K。综上，太阳电池散热通道对降低驻空期间浮空器的超热是有效的，但是增设太阳电池散热风道会增加浮空器的重量，在进行设计时应综合考虑。

7.3　内部空气隔层分析

7.3.1　应对措施方案设计

　　氦气相比于空气，具有导热系数大、比热容值大、密度小等特点。采用空气隔层来降低浮空器超热有以下考虑。

① 依据热量计算公式可知，同等体积的氦气与空气，当吸收相同的热量时，氦气升高的温度大于空气升高的温度。

② 空气的导热系数小于氦气的导热系数。在同等情况下，囊体蒙皮与空气的对流换热系数小于蒙皮与氦气的对流换热系数。

③ 平流层浮空器一般采用空气囊作为副气囊。其对驻空热特性的影响需要深入研究。

平流层浮空器在驻空期间的主要热源为太阳辐射和地面红外辐射。我们设计了三种内部空气隔层布局(图 7.11)，分别为空气囊在顶部(Ⅰ)、空气囊在底部(Ⅱ)、空气囊包裹着氦气囊(Ⅲ)。布局Ⅰ旨在减弱太阳辐射的影响，布局Ⅱ旨在减弱地面红外辐射的影响，布局Ⅲ综合了前两种布局的特点。

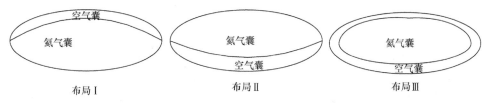

图 7.11　三种内部空气隔层布局示意图

7.3.2　有效性分析

设空气隔层体积占总体积的 10%，且不向外排空气，下面分析上述三种空气隔层布局方案对正球形囊体、流线型囊体内部氦气温度的影响。囊体蒙皮太阳辐射吸收率取 0.3，红外发射率取 0.8。

正球形囊体三种空气隔层布局对内部氦气温度和蒙皮表面温度的影响如图 7.12 和图 7.13 所示。

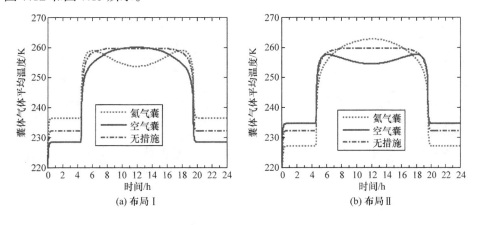

(a) 布局Ⅰ　　　　　　　　　　(b) 布局Ⅱ

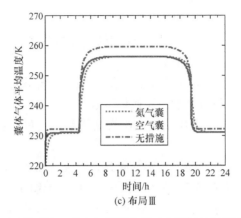

(c) 布局Ⅲ

图 7.12　正球形囊体三种空气隔层布局对内部氦气温度的影响曲线

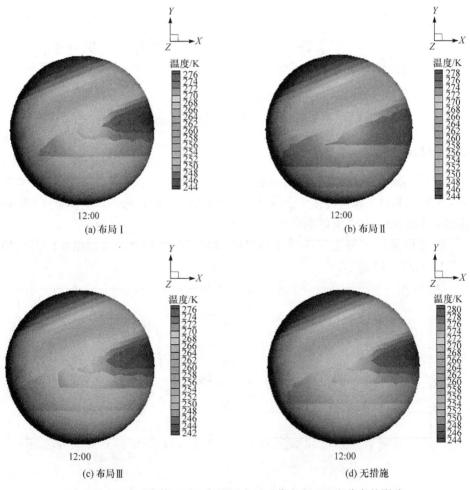

图 7.13　正球形囊体三种空气隔层布局对蒙皮表面温度分布的影响

由图 7.12 可知，与无空气隔层相比，布局Ⅰ和布局Ⅱ在夜间均为囊内顶部气体温度降低、底部气体温度升高，这是因为夜晚主要热源为地面红外辐射，浮空器的底部蒙皮温度高于顶部蒙皮温度，对流换热不充分，所以囊内底部气体温度高于顶部气体温度；布局Ⅰ和布局Ⅱ在白天均为囊体内部顶部气体温度前上升后下降，在 12:00 时刻温度最高，而囊体内部底部气体温度则是在日出后温度迅速上升，在 6:00 时刻达到最高温度，然后温度降低，在 12:00 时刻后温度上升至约 18:00 时刻，其后温度降低，这是由太阳直射点在浮空器上位置的变化引起的。例如，在 6:00 时刻或 18:00 时刻，囊体的下半蒙皮部分能接收到太阳直射，而 12:00 时刻囊体的下半蒙皮几乎不能收到太阳直射，依据下半部蒙皮接受太阳直射辐射的面积变化，蒙皮吸收太阳直射辐射量发生变化，囊内底部气体温度有一个先下降再上升的过程。布局Ⅲ的空气囊与氦气囊温度几乎相同，昼夜温度均比不采取任何热控措施时低。

不采取任何措施时，囊体内部氦气的平均温度夜间为 232.2K，昼间为 259.7K。布局Ⅰ的夜间氦气平均温度为 227K，空气平均温度为 234.5K，12:00 时刻氦气平均温度为 254.5K，空气平均温度为 262.7K。布局Ⅱ的夜间空气平均温度为 228.3K，氦气平均温度为 236.5K，12:00 时刻氦气平均温度为 260.1K，空气平均温度为 253.6K，氦气升高 0.4K，空气温度降低 6.1K。布局Ⅲ的氦气与空气温度基本相同，夜间温度为 230.9K，昼间温度为 256.3K，与不采取任何措施相比，夜间温度降低 1.3K，昼间降低 3.4K。

由图 7.13 可知，布局Ⅰ和布局Ⅱ在 12:00 时刻蒙皮表面的最低温度没变，而最高温度均降低，前者降低 4K，后者降低 2K；布局Ⅲ的蒙皮表面最低和最高温度均降低，最高温度降低 4K，最低温度降低 2K。

综上，对于正球形囊体而言，当蒙皮的太阳辐射吸收率为 0.3、红外发射率为 0.8 时，将空气隔层按照布局Ⅲ进行布局，可使囊内气体温度降低，白天温度降低 3.4K，夜晚温度降低 1.3K，最大超热量降低 3.4K，昼夜温差降低 2.1K；将空气隔层按照布局Ⅰ进行布局，可使白天氦气温度降低，但空气的最高温度高于白天采用空气隔层时氦气的最高温度；对于布局Ⅱ，氦气的最高温度升高，不能达到降低超热的效果。

流线型囊体分析结果如图 7.14～图 7.17 所示。

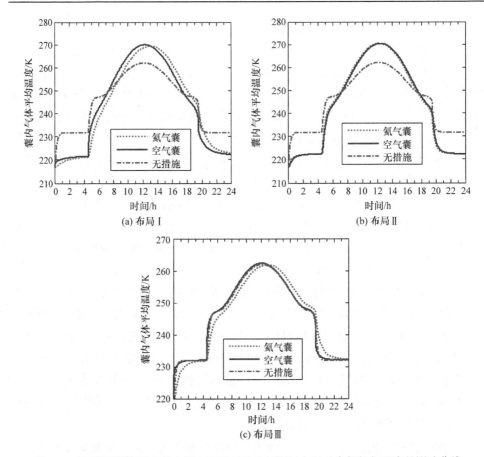

图 7.14　流线型囊体不考虑太阳电池时三种空气隔层布局对内部氦气温度的影响曲线

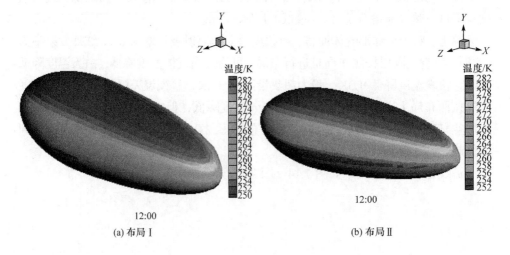

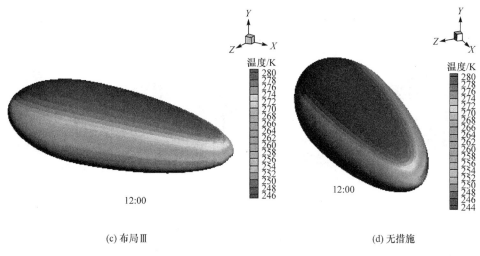

(c) 布局Ⅲ　　　　　　　　　　　　　　　(d) 无措施

图 7.15　流线型囊体不考虑太阳电池时三种空气隔层布局对蒙皮表面温度分布的影响

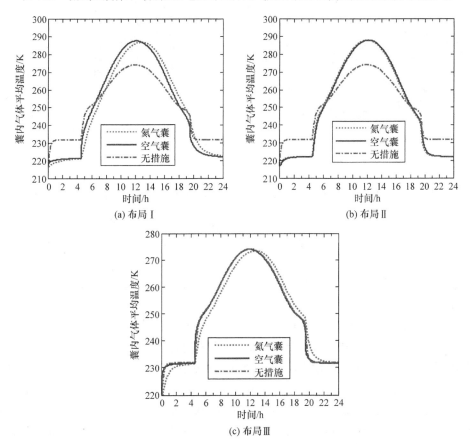

图 7.16　流线型囊体铺装太阳电池时三种空气隔层布局对内部氦气温度的影响曲线

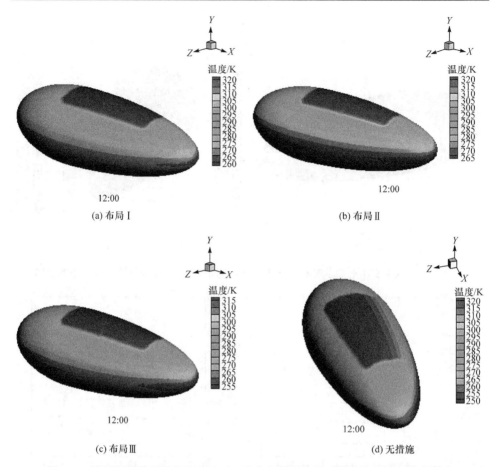

12:00
(a) 布局 I

12:00
(b) 布局 II

12:00
(c) 布局 III

12:00
(d) 无措施

图 7.17　流线型囊体铺装太阳电池时三种空气隔层布局对蒙皮表面温度分布影响

对流线型囊体而言，布局 I 和布局 II 囊内气体的最高温度均高于不采用空气隔层时的氦气最高温度，加剧了浮空器超热；布局 III 空气囊内气体温度与不采用空气隔层时氦气的温度相近，铺太阳电池后略小于不采用空气隔层时氦气的温度。由此可知，采用空气隔层的布局 I 和布局 II 会加剧流线型浮空器白天的超热，布局 III 产生的影响不大。

综上，对于正球形囊体，当空气隔层包裹氦气囊时，氦气与空气温度均降低，氦气温度昼间降低 3.4K，夜间降低 1.3K；当空气隔层位于氦气囊上方时，氦气的温度降低，但最大超热量没有降低；当空气隔层位于氦气囊下方时，氦气的温度升高。对于流线型囊体，当空气隔层包裹氦气时，氦气温度无明显变化；当空气隔层位于氦气囊上方或下方时，氦气温度有一定的升高。空气隔层布局对正球形和流线型囊体的影响不同，这与浮空器的尺寸、囊体形状，以及空气隔层所占体积的大小是否有直接关系尚需进一步研究确定。

7.4　昼夜差异化抗风分析

7.4.1　应对措施方案设计

根据外部对流速度对平流层浮空器热特性的影响分析可知，外部对流速度增加有利于氦气平均温度降低，由此提出昼夜差异化抗风的措施。昼夜差异化抗风是指白天抗风强夜晚抗风弱，昼夜结合实现定点/区域驻留。其示意图如图 7.18 所示。

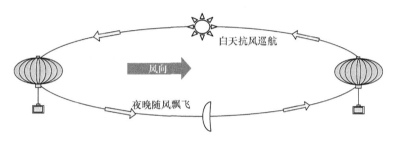

图 7.18　昼夜差异化抗风示意图

昼夜差异化抗风在保证浮空器完成驻空工作任务执行能力的前提下，可大幅降低能源系统的设计需求，同时降低囊体昼夜温差和最大超热。例如，浮空器白天具备最大 15m/s 抗风能力，夜晚具备最大 5m/s 抗风能力，结合飞行控制策略设计实现 10m/s 平均抗风定点/区域驻留任务能力。昼夜差异化抗风能充分发挥白天太阳电池阵能量产出性能，降低平台夜晚用电需求，优化储能电池重量，提高循环能源系统的工程可实现性，保障能源系统的闭环设计，降低平台总重及成本。白天 15m/s 的抗风工况会增加囊体与外界强迫对流换热，降低太阳辐射引起的温度升高；夜晚 5m/s 的抗风工况会减少囊体与外界强迫对流换热，减小夜晚辐射能量，辅助降低浮空器最大超热和囊体昼夜温差，提高平台运行的稳定性和安全性。

7.4.2　有效性分析

这里提出三种抗风方案：一是昼夜平均抗风 10m/s；二是白天抗风 15m/s、夜晚抗风 5m/s；三是白天抗风 20m/s、夜晚随风飘飞(抗风 0m/s)。假设三种抗风方案结合飞行控制策略达到的驻空效果相同，正球形囊体、流线型囊体不考虑太阳电池和铺装太阳电池时三种抗风方案的内部氦气平均温度曲线如图 7.19～图 7.21 所示。

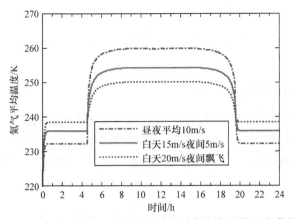

图 7.19　正球形囊体三种抗风方案的内部氦气平均温度曲线

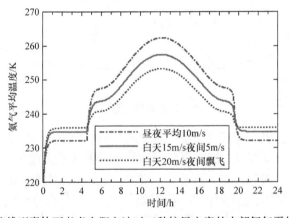

图 7.20　流线型囊体不考虑太阳电池时三种抗风方案的内部氦气平均温度曲线

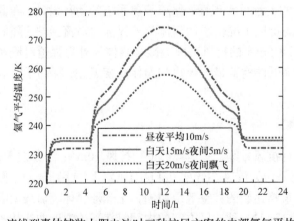

图 7.21　流线型囊体铺装太阳电池时三种抗风方案的内部氦气平均温度曲线

如图 7.19 所示,三种抗风方案的氦气最高温度依次为 259.7K、254.2K、250.1K。

如图 7.20 所示，三种抗风方案的氦气最高温度依次为 262.2K、257.3K、253.1K。
如图 7.21 所示，三种抗风方案的氦气最高温度依次为 274.3K、268.9K、257.7K。
与采用平均抗风措施相比，白天 15m/s，夜晚 5m/s 的昼夜差异化抗风方案在上述
三种情况下的超热分别降低 5.5K、4.9K、5.4K；白天 20m/s，夜晚随风飘飞的昼
夜差异化抗风方案在上述三种情况下超热分别降低 9.6K、9.1K、16.6K。采用差
异化抗风可以降低白天氦气温度、最大超热及昼夜温差，达到方案的预期效果。

7.5　本 章 小 结

　　基于平流层浮空器热特性影响因素的分析计算结果，本章提出四种降低超热
的措施，包括囊体外表面金属镀层、太阳电池散热风道、内部空气隔层、昼夜差
异化抗风设计，并利用三维热模型开展了超热应对措施的有效性分析。

　　① 囊体外表面金属镀层设计可有效减缓平流层浮空器昼夜驻空的超热影响。
与太阳辐射吸收率 0.3、红外发射率 0.8 的常规囊体蒙皮相比，采用镀铝层设计的
正球形囊体内部氦气最大超热量降低约 10.9K，蒙皮表面的最高温度降低约 20K；
流线型囊体不考虑太阳电池影响时，氦气最大超热量降低约 11.6K，蒙皮表面最
高温度降低约 20K；考虑太阳电池影响时，流线型囊体氦气最高温度降低约 5.7K。

　　② 太阳电池散热风道设计对降低平流层浮空器超热有一定的作用。当风道
中的风速为 40m/s 时，氦气最高温度降低 6.3K，太阳电池的最高温度降低量约为
20K。

　　③ 内部空气隔层设计对平流层浮空器热特性有一定影响，但对正球形囊体和
流线型囊体影响不同。对于正球形囊体，当空气隔层包裹氦气囊时，氦气与空气
温度均降低，氦气温度昼间降低 3.4K，夜间降低 1.3K；空气隔层位于氦气囊上方
时，氦气的温度降低，但最大超热量没有降低；空气隔层位于氦气囊下方时，氦
气的温度升高。对于流线型囊体，空气隔层包裹氦气时，氦气温度无明显变化，
空气隔层位于氦气囊上方或下方时，氦气温度有一定的升高。

　　④ 昼夜差异化抗风设计可有效降低平流层浮空器昼夜驻空期间的最大超热
量。与平均 10m/s 相比，当外部对流速度为白天 15m/s，夜晚 5m/s 时，正球形囊
体内部氦气最大超热量降低约 5.5K，流线型囊体最大超热量降低约 5.4K；当外部
对流速度为白天 20m/s，夜晚 0m/s 时，正球形囊体内部氦气最大超热量降低约 9.6K，
流线型囊体考虑太阳电池时，最大超热量降低约 16.6K。

第8章 总结与展望

8.1 总 结

临近空间是跨接航天与航空的战略新兴领域,是 21 世纪信息装备竞争与对抗的战略前沿之一。平流层浮空器是临近空间低速飞行器的重要研究方向,目前国内外仍处在探索研究和试验验证阶段。平流层浮空器驻空期间超热问题严重影响高度控制、囊体结构安全,已成为平流层浮空器长期驻留设计可行性的核心挑战之一。

本书的创新工作总结如下。

① 揭示了超热现象蕴涵的热量获取和传递的完整过程,指明在目前典型参数条件下,囊体蒙皮太阳辐射吸收率和太阳电池隔热是影响超热程度的两个重要参数。平流层浮空器的热力学模型综合考虑太阳辐射模型、囊体蒙皮材料模型、浮空器几何构型模型、飞行状态模型、内部对流模型、外部对流模型等影响,并通过仿真给出正球形囊体和流线型囊体各影响因素的影响规律和敏感程度对比,为平流层浮空器设计和囊体蒙皮材料研制攻关指明了方向。

② 给出平流层浮空器内部热平衡持续时间对温度和压力变化的影响。通过 CFD 研究不同情况下内部热致对流的基本特征,给出内部对流速度的典型量级及其对温度扩散和压力波动的影响,为浮空器囊体内部温度测量和控制提供了参考。

③ 给出正球形和流线型囊体外部对流对超热的影响机理和程度,定量分析了外部对流对超热控制的有效性。通过 CFD 方法研究不同流动速度对囊体传热的影响,合理解释了人们在平流层浮空器对流换热方面认识的差异,即速度较低时对流换热能力较弱,对降低超热影响贡献不大;速度逐步提升时,对流换热能力快速提升,但正球形囊体分离特性会减弱换热效果。此外,上述结论应用还需要考虑阻力增加和推进能源匹配的问题,需要从总体上综合权衡设计。

④ 综合利用辐射和对流传热方式,提出平流层浮空器长期驻空过程的超热应对措施,并通过仿真手段对措施的有效性进行验证分析。计算结果表明,采用外表面金属镀层、太阳电池散热风道和昼夜差异抗风设计可有效降低平流层浮空器昼夜最大超热量,提高结构安全性和高度保持稳定性,为平流层浮空器热控设计提供理论依据。

8.2　展　　望

实现平流层浮空器长期可控驻空是一项艰巨的任务，超热仍是困扰平流层浮空器研制的重要问题之一。在认识逐步提升的基础上，我们需要重新审视平流层浮空器的设计思想、技术途径和热力学问题解决思路，为平流层浮空器从设计到应用提供强有力的技术参考。期望今后在以下方面进一步开展深入研究。

(1) 平流层浮空器热力学模型深化研究

进一步提高现有平流层浮空器热力学模型的精度和通用性，开展低密度强迫对流与自然对流准则研究、复杂地表与云层等辐射和反射特性研究等，对辐射模型进行环境适应性修正，细化各影响因素定量影响规律研究，为准确把握平流层浮空器热设计提供有力支撑。

(2) 现有技术路线下的超热应对措施研究

进一步深入分析超热影响机理，通过减小超热程度和提高囊体结构抵抗超压能力，提高平流层浮空器持久驻留的技术可实现性。通过降低囊体蒙皮材料太阳辐射吸收率、增加红外发射率等表面热物性调控措施，降低浮空器超热量。采用加强筋或索网等方式，减小囊体材料的曲率半径，提高柔性囊体耐超压能力。

(3) 创新设计平流层浮空器技术途径研究

进一步探索通过热隔离和主动热管理降低浮空器超热程度的创新方法，例如通过充气结构对内部浮升气体进行热隔离、表面流道流动换热、能源系统热量交换与管理、浮空器上下表面材料的非一致性、增大利用地表长波辐射的能力、利用可调控的冗余气囊和气体等方法，为降低平流层浮空器超热影响奠定基础。

参 考 文 献

[1] 王亚飞, 安永旺, 杨继何. 临近空间飞行器的现状及发展趋势[J]. 国防技术基础, 2010, 1(1):33-37.

[2] 段锋. 临近空间飞行器现状与发展.航空科学技术[J]. 力学进展, 2009, 39(6): 658-672.

[3] 郭劲. 临近空间飞行器军事应用价值分析[J]. 光机电信息, 2010, 27(8): 22-27.

[4] 王艳奎. 临近空间飞行器应用前景及发展概况分析[J]. 中国航天, 2009, 1(10): 41-46.

[5] Khoury G A. Airship Technology[M]. Cambridge: Cambridge University Press, 2012.

[6] Kurkcu C, Erhan H, Umut S. Unmanned aerial systems nearspace operation concept[C]// Proceedings of the 5th International Conference on Recent Advances in Space Technologies, 2011: 17-24.

[7] 王明建, 黄新生. 平流层飞艇平台的发展及关键技术分析[J]. 兵工自动化, 2007, 26(8):58-60.

[8] 王海峰. 高空飞艇定点控制关键技术及解决途径[J]. 飞行力学, 2005, 23(4):5-8.

[9] 欧阳晋, 屈卫东, 席裕庚, 等. 平流层平台的发展及其自主控制关键技术[J]. 工业仪表与自动化装置, 2004, 1(1):64-67.

[10] 王彦广, 姚伟, 李勇. 平流层飞艇技术发展及其应用前景展望[J]. 卫星与网络, 2010, 1(4):18-21.

[11] 何琳琳. 平流层飞艇关键技术与自主控制技术研究[J]. 航空科学技术, 2010, 1(1):36-39.

[12] 华锋, 高维, 彭小龙, 等. 浅谈美军飞艇发展[J]. 飞航导弹, 2007, 7(23):62-64.

[13] 陈文英, 陈玲. 美军高空飞艇[J]. 江苏航空, 2007, 1(3): 15-17.

[14] Hagan K R, Portman R. Defense acquisitions: future aerostat and airship investment decisions drive oversight and coordination needs[R]. Washington, D.C.: United States Government Accountability Office, 2012: 1-40.

[15] Androulakakis S P, Judy R A. Status and plans of high altitude airship (HAATM) program[C]// American Institute of Aeronautics and Astronautics, 2013: 10-20.

[16] Smith I S, Michael L. The HiSentinel airship[C]//The 7th American Institute of Aeronautics and Astronautics Aviation Technology, Integration, and Operations Forum, 2007: 535-546.

[17] Lee M, Smith S, Androulakakis S. High altitude lighter than airship efforts at the US army space and missile defense command/army forces strategic commmand[C]//The 18th AIAA Lighter-Than-Air System Technology Conference, 2009: 18-52.

[18] Smith S, Fortenberry M, Lee M, et al. HiSentinel 80: flight of a high altitude airship[C]// American Institute of Aeronautics and Astronautics, 2011: 20-26.

[19] Eguchi K, Yokomaku Y, Mori M. Overview of stratospheric platform airship R&D program in Japan[C]//Stratospheric Platform Systems Workshop SPSW, 2000: 15-23.

[20] Onda M, Misawa M, Kojima T, et al. A stratospheric LTA stationary platform for telecommunication and environmental protection[C]//Proceedings of the SICE Annual Conference, 1999: 1227-1232.

[21] Onda M, Morikawa Y. High-altitude lighter-than-air powered platform[C]//International Pacific Air and Space Technology Conference and Aircraft Symposium, 1991: 687-694.

[22] Onda M, Fujita M, Fujino Y, et al. A stratospheric stationary LTA platform concept and ground-to-vehicle microwave power transmission tests[C]//AIAA, Aerospace Sciences Meeting and Exhibit, 1999: 16799-16857.

[23] Onda M, Sano M. Stratospheric LTA platform with variable flight altitude control[C]//AIAA 5th ATIO and 16th Lighter-Than-Air System Technology and Balloon Systems Conferences, 2005: 2005-7391.

[24] Onda M. Design and applications of a stratospheric long endurance LTA platform[C]//American Institute of Aeronautics and Astronautics, 2001: 5266-5278.

[25] 曹旭, 顾正铭, 王伟志, 等. 美国 ISIS 平流层飞艇概述[C]//2011 年中国浮空器大会, 2011:114-119.

[26] Masaaki M, Mikio S, Yoshihiro H. Mobile communications system using stratospheric platforms[C]//The 3rd Stratospheric Platform System Workshop, 2001: 1-20.

[27] Horwath J, Knapek M N, Perlot D, et al.Optical communication from HAPs-overview of the stratospheric optical payload experiment[C]// American Institute of Aeronautics and Astronautics, 2004: 3218-3234.

[28] Spillard C, Gremont B, Grace D, et al. The performance of high-altitude platform networks in rainy conditions[C]// American Institute of Aeronautics and Astronautics, 2004: 3220-3241.

[29] 陈务军, 董石麟. 德国(欧洲)飞艇和高空平台研究与发展[J]. 空间结构, 2006, 12(4): 3-7.

[30] Lutz T, Funk P, Jakobi A, et al. Summary of aerodynamic studies on the lotte airship[C]//The 4th International Airship Convention and Exhibition, 2002: 1-12.

[31] Kreith F, Kreider J F. Numerical prediction of the performance of high altitude balloons[C]// Atmospheric Technology Division, National Center for Atmospheric Research, 1974: 18-47.

[32] Carlson L A, Horn W J. New thermal and trajectory model for high-altitude balloons [J]. Journal of Aircraft, 1983, 20(6): 500-507.

[33] Stefan K. Thermal effects on a high altitude airship[C]//Lighter-Than-Air Systems Conference, 1983: 94-100.

[34] Rapert C R M. A heat transfer model for a hot helium airship[R]. American Institute of Aeronautics and Astronautics, 1987: 1987-2443.

[35] Harada K, Eguchi K, San O M , et al. Experimental study of thermal modeling for stratospheric platform airship[R] . American Institute of Aeronautics and Astronautics, 2003: 63-79.

[36] Franco H, Cathey H M. Thermal performance modeling of NASA scientific balloons[J]. Advances in Space Research, 2004, 33(10): 1717-1721.

[37] 方贤德,王伟志,李小建. 平流层飞艇热仿真初步探讨[J]. 航天返回与遥感,2007,28(2): 5-9.

[38] 徐向华, 程雪涛, 梁新刚. 平流层浮空器数值分析[J]. 清华大学学报: 自然科学版, 2009, 49(11): 1848-1851.

[39] 刘东旭, 杨永强, 吕明云, 等. 蒙皮热辐射特性对平流层浮空器氦气温度影响[J]. 北京航空航天大学学报, 2010, 36(7): 836-840.

[40] 李德富. 平流层浮空器的热特性及其动力学效应研究[D]. 哈尔滨: 哈尔滨工业大学, 2011.

[41] 李小建. 临近空间浮空器热-结构耦合数值模拟研究[D]. 南京: 南京航空航天大学, 2013.

[42] Shi H, Song B, Yao Q, et al. Thermal performance of stratospheric airships during ascent and descent [J]. Journal of Thermo Physics and Heat Transfer, 2009, 23(4): 816-821.

[43] 姚伟,李勇, 范春石,等. 复杂热环境下平流层飞艇高空驻留热动力学特性[J]. 宇航学报, 2013, 34(10):1309-1315.

[44] Lee Y G, Kim D M, Yeom C H. Development of Korean high altitude platform systems[J]. International Journal Wireless Information Networks, 2006, 13(1): 31-42.

[45] Dai Q, Fang X, Li X, et al. Performance simulation of high altitude scientific balloons [J]. Advances in Space Research, 2012, 49(6): 1045-1052.

[46] Sparrow E M, Abraham J P. A new buoyancy model replacing the standard pseudo-density difference for internal natural convection in gases[J]. International Journal of Heat and Mass Transfer, 2003, 46(19): 3583-3589.

[47] Suslov S A, Paolucci S. Stability of natural convection flow in a tall vertical enclosure under non-Boussinesq conditions[J]. International Journal of Heat and Mass Transfer, 1995, 38(12): 2143-2155.

[48] Henze M, Weigand B, Jens V W. Natural convection inside airships[C]//American Institute of Aeronautics and Astronautics, 2006: 2006-3798.

[49] Li X J, Fang X D, Dai Q M. Research on thermal characteristics of photovoltaic array of stratospheric airship[J]. Journal of Aircraft, 2011, 48(4): 1380-1386.

[50] 吕程, 姜鲁华, 才晶晶. 薄膜太阳能电池对飞艇内氦气温度的影响[J]. 计算机仿真, 2016, 33(7): 104-110.

[51] Liu Q, Yang Y C, Li Z J, et al. Modeling and simulation of the thermal performance of a stratospheric airship with photovoltaic array[C]//AIAA Modeling and Simulation Technologies Conference, 2016: 33-40.

[52] Liu, Q, Yang Y C, Cui Y, et al. Thermal performance of stratospheric airship with photovoltaic array [J]. Advances in Space Research, 2017, 59(6): 1486-1501.

[53] Li J, Lv M Y, Tan D J, Zhu W Y, et al. Output performance analyses of solar array on stratospheric airship with thermal effect[J]. Applied Thermal Engineering, 2016, 104(1): 743-750.

[54] Li J, Lv M Y, Sun W Y, et al. Thermal insulation performance of lightweight substrate for solar array on stratospheric airship[J]. Applied Thermal Engineering, 2016, 107(1): 1158-1165.

[55] Lv M Y, Li J, Du H F, et al. Solar array layout optimization for stratospheric airships using numerical method[J]. Energy Conversion and Management, 2017, 135(1): 160-169.

[56] Meng J H, Yao Z B, Du H F, et al. Thermal protection method of the solar array for stratospheric airships [J]. Applied Thermal Engineering, 2017, 111(1): 802-810.

[57] Sun K, Yang Q, Yang Y, et al. Thermal characteristics of multilayer insulation materials for flexible thin-film solar cell array of stratospheric airship[J]. Advances in Materials Science and Engineering, 2014, 74(1): 1-8.

[58] 吕明云,李珺,杜华飞,等.太阳能电池隔热结构对平流层飞艇蒙皮温度的影响[C]//平流层飞艇航电与飞控技术专题研讨会, 2016: 91-97.

[59] Yao W, Lu X, Wang C, et al. A heat transient model for the thermal behavior prediction of stratospheric airships [J]. Applied Thermal Engineering, 2014, 70(1): 380-387.

[60] Wang Y, Yang C. A comprehensive numerical model examining the thermal performance of airships [J]. Advances in Space Research, 2011, 48(9): 1515-1522.

[61] Xia X, Li D, Sun C, et al. Transient thermal behavior of stratospheric balloons at float conditions [J]. Advances in Space Research, 2010, 46(9): 1184-1190.

[62] 李德富, 夏新林. 平流层浮空器定点悬浮过程中的温度变化研究[C]//中国浮空器大会, 2007: 112 -115.

[63] 李德富, 夏新林. 浮空器升空过程中的温度变化研究[C]//中国工程热物理学会年会, 2007: 739-742.

[64] Garde G J. Thermal modeling of NASA's super pressure pumpkin balloon[C]//American Institute of Aeronautics and Astronautics Balloon Systems Conference, 2007: 296-306.

[65] Wang Y, Liu Y. Numerical simulation about thermal environment of solar energy airship in stratosphere [J]. Procedia Engineering, 2012, 29(1): 1745-1749.

[66] 戴秋敏, 方贤德,王昊,等. 不同气象条件对高空气球动力特性和热特性影响的研究[C]//2012 年中国浮空器大会, 2012: 303-306.

[67] 戴秋敏,方贤德,王昊,等.大气模型对高空气球运动特性和热特性的影响[J].计算机仿真,2013,30(9): 79-82.

[68] 姚伟, 李勇, 王文隽, 等. 平流层飞艇热力学模型和上升过程仿真分析[J]. 宇航学报, 2007, 28(3): 603-607.

[69] 李小建, 方贤德, 戴秋敏. 平流层飞艇滞空和上升过程仿真研究[C]//2012 年中国浮空器大会, 2012: 307-310.

[70] Cao K, Baker J. Application of transient network models for near space thermal management[C]// The 46th AIAA Aerospace Sciences Meeting and Exhibit, 2008: 1192-1203.

[71] 许玉, 方贤德, 李小建, 等. 浮空器载荷舱热特性研究[C]//2011 年中国浮空器大会, 2011: 433-438.

[72] 杨小川. 复杂热环境中大型薄壳体内的自然对流数值模拟[D]. 哈尔滨: 哈尔滨工业大学, 2008.

[73] 夏新林, 李德富, 杨小川. 复合热条件下椭球形封闭腔内低压气体的自然对流[J]. 航空学报, 2010, 31(3): 453-458.

[74] Gates D M. Spectral distribution of solar radiation at the earth's surface[J]. Science, 1966, 151(3710): 523-529.

[75] Farley R E. Balloon ascent: 3-D simulation tool for the ascent and float of high altitude balloons[C]// AIAA 5th ATIO and 16th Lighter-Than-Air Sys Tech. and Balloon Systems Conferences, 2005: 7412-7434.

[76] Ball A. A numerical solar radiation model based on standard meteorological observation[J]. Solar Energy, 1978, 21(3): 163-170.

[77] Rodgers M, Souster B, Page A. The development of an interactive computer program,SUN1, for the calculation of solar irradiances and daily irradiations on horizontal surfaces on cloudless days for given conditions of sky clarity and atmospheric water content[D]. Sheffield: Department of Building Science, Faculty of Architectural Studies, University of Sheffield, 1981.

[78] Hulstrom B. Simplified clear sky model for direct and diffuse insolation on horizontal surfaces[C]// Solar Energy Research Institute, 1981: 435-461.

[79] Gueymard D. A two-band model for the calculation of clear sky solar irradiance, illuminance, and photosynthetically active radiation at the earth's surface[J]. Solar Energy, 1989,43(5):253-265.

[80] Moody E G, King M D, Schaaf C B, et al. Northern hemisphere five-year average(2000–2004) spectral albedos of surfaces in the presence of snow: statistics computed from terra MODIS land products [J]. Remote Sensing of Environment, 2007, 111(2): 337-345.

[81] He T, Liang S, Wang D, et al. Estimation of surface albedo and directional reflectance from moderate resolution imaging spectroradiometer (MODIS) observations[J]. Remote Sensing of Environment, 2012, 119(1): 286-300.

[82] Menon S, Saxena V K, Durkee P, et al. Role of sulfate aerosols in modifying the cloud albedo: a closure experiment[J]. Atmospheric Research, 2002, 61(3): 169-187.

[83] 蔡福, 祝青林, 何洪林, 等. 中国月平均地表反照率的估算及其时空分布[J]. 资源科学,2005, 27(1): 114-120.

[84] Jin Z, Charlock T P, Smith W L, et al. A parameterization of ocean surface albedo[J]. Geophysical Research Letters, 2004, 31(22): L22301.

[85] Grigiante M, Mottes F, Zardi D, et al. Experimental solar radiation measurements and their effectiveness in setting up a real-sky irradiance model[J]. Renewable Energy, 2011, 36(1): 1-8.

[86] 侯增祺, 胡金刚. 航天器热控制技术[M]. 北京: 中国科学技术出版社, 2007.

[87] 杨世铭, 陶文铨. 传热学[M]. 北京: 高等教育出版社, 2008.

[88] Greenhalgh D, Tatnall A R. Thermal model of an airship with solar arrays and a ballonet [J]. International Journal of Research in Engineering and Technology, 2014, 3(1):71-79.

[89] 韩占忠, 王敬, 兰小平. FLUENT 流体工程仿真计算实例与应用[M]. 北京: 北京理工大学出版社, 2004.

[90] 胡坤, 李振北. ANSYS ICEM CFD 工程实例详解[M]. 北京: 人民邮电出版社, 2014.

[91] 张德良. 计算流体力学教程[M]. 北京: 高等教育出版社, 2010.

[92] 王福军. 计算流体动力学分析: CFD 软件原理与应用[M]. 北京: 清华大学出版社, 2004.

[93] Scurtu N, Futterer B, Egbers C H. Three-dimensional natural convection in spherical Annuli[J]. Journal of Physics, 2008, 65(1): 137-157.

[94] 高乃平, 董昆, 朱彤, 等. 房间内强自然对流的两方程模型模拟研究[J]. 同济大学学报(自然科学版), 2012, 40(4): 601-609.

[95] Ramesh N, Venkateshan S P. Effect of surface radiation on natural convection in a square enclosure[J]. Journal of Thermophysics and Heat Transfer, 1999, 13(3): 299-301.

[96] Sharma A K, Velusamy K, Balaji C, et al. Conjugate turbulent natural convection with surface radiation in air filled rectangular enclosures[J]. International Journal of Heat and Mass Transfer, 2007, 50(3/4): 625-639.

[97] 张俊韬, 侯中喜, 柳兆伟. 平流层飞艇内部氦气的自然对流研究[C]//第二届高分辨率对地观测学术年会, 2013: 1-14.